Ahmed Rebai

Le ciel nous bombarde

Ahmed Rebai

Le ciel nous bombarde

Étude de l'énergie et du point d'émission radio des rayons cosmiques détectés dans l'expérience CODALEMA

Presses Académiques Francophones

Impressum / Mentions légales
Bibliografische Information der Deutschen Nationalbibliothek: Die Deutsche Nationalbibliothek verzeichnet diese Publikation in der Deutschen Nationalbibliografie; detaillierte bibliografische Daten sind im Internet über http://dnb.d-nb.de abrufbar.
Alle in diesem Buch genannten Marken und Produktnamen unterliegen warenzeichen-, marken- oder patentrechtlichem Schutz bzw. sind Warenzeichen oder eingetragene Warenzeichen der jeweiligen Inhaber. Die Wiedergabe von Marken, Produktnamen, Gebrauchsnamen, Handelsnamen, Warenbezeichnungen u.s.w. in diesem Werk berechtigt auch ohne besondere Kennzeichnung nicht zu der Annahme, dass solche Namen im Sinne der Warenzeichen- und Markenschutzgesetzgebung als frei zu betrachten wären und daher von jedermann benutzt werden dürften.

Information bibliographique publiée par la Deutsche Nationalbibliothek: La Deutsche Nationalbibliothek inscrit cette publication à la Deutsche Nationalbibliografie; des données bibliographiques détaillées sont disponibles sur internet à l'adresse http://dnb.d-nb.de.
Toutes marques et noms de produits mentionnés dans ce livre demeurent sous la protection des marques, des marques déposées et des brevets, et sont des marques ou des marques déposées de leurs détenteurs respectifs. L'utilisation des marques, noms de produits, noms communs, noms commerciaux, descriptions de produits, etc, même sans qu'ils soient mentionnés de façon particulière dans ce livre ne signifie en aucune façon que ces noms peuvent être utilisés sans restriction à l'égard de la législation pour la protection des marques et des marques déposées et pourraient donc être utilisés par quiconque.

Coverbild / Photo de couverture: www.ingimage.com

Verlag / Editeur:
Presses Académiques Francophones
ist ein Imprint der / est une marque déposée de
OmniScriptum GmbH & Co. KG
Heinrich-Böcking-Str. 6-8, 66121 Saarbrücken, Deutschland / Allemagne
Email: info@presses-academiques.com

Herstellung: siehe letzte Seite /
Impression: voir la dernière page
ISBN: 978-3-8416-2804-6

Copyright / Droit d'auteur © 2013 OmniScriptum GmbH & Co. KG
Alle Rechte vorbehalten. / Tous droits réservés. Saarbrücken 2013

Table des matières

Introduction générale   5

1   Les rayons cosmiques d'ultra-haute énergie   **9**
    1.1   Introduction   9
    1.2   Sources des rayons cosmiques d'ultra-haute énergie   10
        1.2.1   Scénario Bottom-Up (sites astrophysiques)   11
        1.2.2   Scénario particules "top-down"   13
    1.3   Le spectre des rayons cosmiques   16
        1.3.1   Le genou   18
        1.3.2   Le second genou   19
        1.3.3   La cheville   20
        1.3.4   La coupure GZK   20
    1.4   Les résultats actuels   22
        1.4.1   Composition des RCUHEs :   22
        1.4.2   Anisotropie :   24
        1.4.3   Mesure de la section efficace d'interaction proton-air au centre de masse de 57 TeV :   26
    1.5   Les gerbes atmosphériques   26
        1.5.1   Introduction   26
        1.5.2   Développement longitudinal   28
        1.5.3   Développement latéral   31
    1.6   Émission radio de la gerbe atmosphérique   33
        1.6.1   Les résultats historiques   33
        1.6.2   Les expériences contemporaines en MHz   37
        1.6.3   Modèles d'émission et de simulation   39
        1.6.4   Les résultats actuels   45
    1.7   Conclusion   53

2 L'expérience CODALEMA à Nançay — 55
2.1 L'expérience CODALEMA II — 56
- 2.1.1 Le réseau d'antennes — 56
- 2.1.2 Le réseau de détecteurs de particules — 64
2.2 L'expérience CODALEMA III — 68
2.3 Extraction des données brutes radio dans CODALEMA II — 71
- 2.3.1 Atténuation et filtrage du signal — 71
- 2.3.2 Méthode de recherche des transitoires radio — 74
- 2.3.3 Reconstruction de la direction d'arrivée de gerbe radio — 77
- 2.3.4 Efficacité de la radiodétection — 79
- 2.3.5 Profil latéral radio — 80
- 2.3.6 Effet géomagnétique — 81
- 2.3.7 Réponse en énergie — 82

3 Étalonnage en énergie de l'expérience de radio-détection CODALEMA — 85
3.1 Introduction — 85
3.2 Rappel sur les méthodes d'estimation de l'énergie — 87
- 3.2.1 Estimation de l'énergie par les détecteurs de fluorescence — 87
- 3.2.2 Mesure et étalonnage en énergie pour la détection au sol des particules — 88
3.3 Détermination de l'énergie des gerbes avec CODALEMA — 90
- 3.3.1 Mesure de l'énergie avec le réseau des scintillateurs — 90
- 3.3.2 Mesure de l'énergie avec le réseau d'antennes — 94
3.4 Conclusions — 114

4 Localisation de la source d'émission radio — 117
4.1 Introduction — 117
4.2 Motivations expérimentales — 119
- 4.2.1 Émission anthropique — 119
- 4.2.2 Courbure du front d'onde de la gerbe radio — 120
- 4.2.3 Observations expérimentales — 122
4.3 Simulations — 126
- 4.3.1 Description de la simulation — 126
- 4.3.2 Résultats des simulations — 130
4.4 Caractère mal posé du problème de localisation — 133
- 4.4.1 Étude de la convexité de la fonction objectif — 135
- 4.4.2 Points critiques et enveloppes convexes — 138
4.5 Méthode proposée pour améliorer la reconstruction — 148
4.6 Conclusion — 152

Conclusion générale   **155**

5 Annexe   **159**
    5.1 Rappels mathématiques 159
       5.1.1 Approche fréquentiste ou bayésienne 159
       5.1.2 Optimisation déterministe ou stochastique 160
       5.1.3 Convexité d'une fonction 161
       5.1.4 Problème bien posé, problème mal posé 163
    5.2 Annexe sur le calcul symbolique de la matrice hessienne de la fonction f 164

Bibliographie   **167**

Introduction générale

Les rayons cosmiques sont des particules chargées qui bombardent la terre en permanence. Ce flux des particules a été mis en évidence par Victor Hess au début du 20ème siècle et a permis la fondation d'une nouvelle discipline en recherche scientifique désormais appelée Astroparticule. Principalement constituées de protons, ces particules ont un spectre d'énergie qui s'étale sur onze ordres de grandeur jusqu'à 10^{20} eV où leur flux devient de l'ordre d'une particule par siècle et par km^2. À partir de 10^{15} eV, ces cosmiques ne peuvent être judicieusement étudiés que par des méthodes de détection indirectes mesurant la gerbe des particules secondaires qu'ils créent dans l'atmosphère. Malgré un siècle d'efforts expérimentaux, plusieurs questions fondamentales liées aux rayons cosmiques d'ultra haute énergie (RCUHE), sont encore partiellement non résolues. Ces questions sont liées à leurs sources de production, leur composition chimique et leurs mécanismes d'accélération. Des éléments de réponse sont donnés par l'observation et la détection à l'aide de plusieurs techniques comme les télescopes de fluorescence et les réseaux des détecteurs de particules au sol : les scintillateurs ou les cuves Cerenkov, mais ces techniques de détection n'ont pas encore fourni d'information suffisante pour répondre à toutes ces questions ouvertes.

Depuis quelques années, la radiodétection des gerbes atmosphériques induites par les plus énergétiques des rayons cosmiques, paraît comme une technique complémentaire. Elle consiste en la détection de ces RCUHE par la mesure du signal radioélectrique produit par les particules secondaires issues de l'interaction entre la particule primaire et l'atmosphère. Cette approche utilise un réseau d'antennes déployées au sol. Celle-ci constitue la méthode étudiée par l'expérience CODALEMA.

CODALEMA (pour COsmic ray Detection Array with Logarithmic Electromagnetic Antennas) est le nom d'une expérience installée depuis 2002 sur le site de l'observatoire de radioastronomie de Nançay en France. Initialement conçue comme un démonstrateur de la faisabilité et de la pertinence de la technique de radiodétection pendant une première phase entre 2002 et 2005, l'expérience a connu une évolution majeure et rapide avec le passage à sa deuxième phase. Depuis 2005, deux nouveaux réseaux de détecteurs ont été déployés à Nançay : le premier est un réseau d'antennes dipolaires déclenché par un deuxième réseau de scintillateurs plastiques. Cette seconde phase, toujours en opération, est l'expérience CODALEMA II dont une partie de cette thèse y sera entièrement consacrée.

La transition des expériences prototypes de radiodétection à petite échelle de surface inférieure au km^2 et déclenchées par des détecteurs de particules vers des expériences à grande échelle de surface supérieure à 1000 km^2 et déclenchées directement par des antennes, permettra d'augmenter la statistique des RCUHE. Dans cette optique, l'équipe astroparticule de Subatech a commencé depuis l'été 2009, l'installation de l'expérience CODALEMA III qui utilise une nouvelle génération de stations autonomes équipées d'antennes à deux polarisations. Des analyses de cette troisième phase feront l'objet du chapitre 4.

Le premier chapitre de cette thèse sera consacré à la physique des rayons cosmiques et des gerbes atmosphériques. Les scénarii d'origine des RCUHE sont présentés, comme le scénario Bottom-Up d'accélération dans des objets astrophysiques et le scénario top-down basé sur la décroissance de particules super-massives. Ensuite, le spectre de rayons cosmiques ainsi que les résultats actuels sur la composition des RCUHE, l'anisotropie, la mesure de la section efficace d'interaction proton-air à des énergies inaccessibles par les accélérateurs actuels seront décrits. Nous aborderons également les modèles théoriques d'émission radio et les expériences de radiodétection actuellement en exploitation.

Le deuxième chapitre rappellera les résultats principaux de l'expérience CODALEMA dans ses premières phases à l'observatoire de radioastronomie de Nançay. Une attention particulière est portée à l'expérience CODALEMA II fonctionnant en mode déclenchement par un réseau de scintillateurs plastiques et l'expérience CODALEMA III fonctionnant en mode déclenchement autonome. Les méthodes d'extraction des données brutes radio et de recherche des transitoires sont présentées ainsi que les résultats des analyses physiques de la collaboration.

Le troisième chapitre abordera l'étude de l'étalonnage en énergie du réseau d'antenne de l'expérience CODALEMA II. Il commencera donc par un rappel sur les méthodes d'estimation de l'énergie par les autres méthodes de détection comme les téléscopes de fluorescence et les réseaux des détecteurs des particules. Ensuite, l'analyse de la corrélation entre l'énergie E_p reconstruite par le réseau des scintillateurs plastiques et le champ électrique ϵ_0 extrapolé sur l'axe de la gerbe, sera détaillée. Cette analyse montrera deux résultats importants ; le premier est lié à la résolution en énergie de la radiodétection que nous estimons autour de 20 % et le deuxième est lié à l'existence d'une contribution supplémentaire à l'origine de l'émission radio autre que le mécanisme géomagnétique. Le chapitre se terminera par une comparaison avec les autres expériences actuellement en opération.

Le quatrième et dernier chapitre sera consacré aux analyses des données de l'expérience CODALEMA III qui fonctionne en mode déclenchement autonome. Le passage à cette technique de délenchement a fait émerger des nouveaux problèmes liés à la localisation, la reconnaissance et la suppression des sources du bruit de fond induit par les activités humaines (telles que les lignes haute tension, les transformateurs électriques, les voitures, les trains et les avions) ou par les mauvaises conditions météorologiques (comme les orages). Le chapitre sera alors dédié à la reconstruction des positions de ces sources sous l'hypothèse d'une émission sphérique. Dans une première partie, nous présenterons une synthèse des observations expérimentales actuelles de plusieurs expériences comme AERA en Argentine, TREND en Chine et CODALEMA III en France. Des simulations ont été réalisées pour comprendre ces observations. Dans une deuxième partie, nous aborderons le problème de localisation d'un point de vue mathématique (fréquentiste et déterministe) par l'étude de la convexité de la fonction objectif (l'estimateur sphérique). Nous montrerons que le problème est mal posé au sens du Hadamard dans le cas où la source se trouve à l'extérieur de l'enveloppe convexe du réseau d'antennes touchées.

Chapitre 1

Les rayons cosmiques d'ultra-haute énergie

1.1 Introduction

La discipline des astroparticules s'intéresse à l'étude des particules d'origine extraterrestre. L'Univers est en effet un milieu de création, d'interaction et de propagation de nombreux corpuscules de vie longue, comme, par exemple les protons, les noyaux légers ou lourds, les photons gamma, les électrons, les neutrinos, mais aussi les ondes gravitationnelles, et même très probablement de la matière noire. Le flux de particules chargées, que l'on regroupe sous l'appellation de rayonnement cosmique, amène de précieux renseignements sur les lois fondamentales régissant les interactions mais aussi sur la structure intime de la matière dans les objets astrophysiques, où les conditions physiques restent souvent impossible à reproduire sur terre. Complémentaire à la physique des particules où la création des particules est réalisée auprès des accélérateurs, la problématique des astroparticules se caractérise par une approche peut être plus observationnelle et plus multidisciplinaire, mais tout aussi riche. En effet, ce domaine de recherche a déjà ouvert une nouvelle fenêtre d'observation en astronomie avec l'astronomie des gammas de très haute énergie [33] pour l'étude des pulsars et ce succès scientifique a ouvert en une dizaine d'années le concept d'une astronomie multi-longueurs d'onde et multi-messagers dont l'objet est l'étude des objets astrophysiques aussi divers que : les systèmes accrétants à jets (noyaux actifs des galaxies, microquasars, sursauts gamma), les systèmes à induction unipolaire (pulsars, binaires à pulsars) et les systèmes d'ondes de choc (reste de supernova, nébuleuses de vents de pulsars, superbulles, lobes terminaux des jets) et les trous noirs.

Les interrogations particulièrement nombreuses qui animent cette discipline ont été résumées par la feuille de route 2012, établie par le réseau d'agences gouvernementales nationales chargées de coordonner et de financer les efforts de recherche nationaux dans la physique des astroparticules

(ASPERA). Six questionnements fondamentaux ressortent :
- **Quels sont les constituants de l'Univers ?** Uniquement 4% de l'Univers est constitué de matière ordinaire. Selon les dernières observations et les modèles cosmologiques, 73% de l'univers se trouve sous la forme d'une énergie noire et 23% sous la forme d'une matière noire. La nature de cette énergie noire et de cette matière noire reste indéterminée [85].
- **Le proton a t'il une durée de vie finie ?** Les théories de grandes unifications (GUT) de la physique des particules prédisent une durée de vie finie pour le proton. La désintégration du proton est l'une des conséquences vérifiables découlant des théories de Grand Unification (GUT). Ce phénomène n'a pas encore été observé dans les expériences déjà en opération.
- **Quelles sont les propriétés des neutrinos ? Et quel est leur effet sur l'évolution de l'Univers ?** Si la dernière décennie a permis de montrer que le neutrino était doté d'une masse non négligeable et qu'il était le résultat d'états quantiques mélangés par interaction faible (contrairement aux prédictions du modèle standard), des interrogations fondamentales demeurent notamment concernant le problème de la hiérarchie de masse, les propriétés des antineutrinos comparées à celles des neutrinos (la violation de la symétrie charge-parité CP), la possibilité d'existence de neutrinos stériles, le rôle du neutrino dans l'évolution cosmologique.
- **Que peut-on apprendre à partir des neutrinos sur l'intérieur du soleil et de la terre, et sur les explosions de supernova ?** Les neutrinos se propageant dans l'Univers pratiquement sans interaction et n'étant déviés que par un effet gravitationnel. Si l'on est capable de les détecter efficacement, ils pourraient devenir une sonde privilégiée des objets astrophysiques et de l'histoire de l'Univers [68].
- **Peut-on détecter les ondes gravitationnelles ? Et que peuvent-elles nous apprendre sur les phénomènes cosmiques les plus violents ?** La gravitation façonne l'univers à l'échelle macroscopique. La théorie de la relativité générale prédit l'émission des ondes gravitationnelles pendant l'effondrement des astres massifs. Bien que la détection d'ondes gravitationnelles apporterait des informations précieuses sur la structure des étoiles, pour l'instant, aucune observation directe n'a été possible.
- **Quelle est l'origine des rayons cosmiques d'énergie extrême (Joules) ?** Malgré les efforts significatifs de la communauté internationale, l'origine et la nature des rayons les plus énergétiques demeurent une énigme depuis plus de 30 ans. C'est dans cette problématique, et plus particulièrement sur le développement de la méthode de radiodétection de ce rayonnement cosmique d'ultra-haute énergie, que s'inscrira ce travail de thèse.

1.2 Sources des rayons cosmiques d'ultra-haute énergie

L'une des questions centrales est de comprendre "comment ces rayons cosmiques peuvent atteindre des énergies de l'ordre $10^{20}\,eV$?" (à comparer avec l'énergie d'ionisation de l'ordre de $13\,eV$

1.2. SOURCES DES RAYONS COSMIQUES D'ULTRA-HAUTE ÉNERGIE

dans le cas d'un électron dans le modèle du Bohr). L'observation de ce rayonnement cosmique d'ultra haute énergie (RCUHE) a succité ces dernières années de larges spéculations théoriques. Selon les modèles théoriques en vigueur, l'origine de ces particules peut être classée suivant deux scénarios : le scénario "bottom-up" qui prend appui sur l'existence des RCUHE accélérer auprès d'objets astrophysiques, et le scénario "top-down" qui aborde une production de RCUHE à partir de décroissance d'autres particules plus massives, reliques du Big Bang. A l'heure actuelle le scénario d'accélération a la faveur des observations car les données collectées par l'observatoire Pierre Auger indiquent d'une part une suppression de flux de rayons cosmiques au-delà de $5,5.10^{19}\,eV$ et d'autre part que les limites établies sur les flux des photons et des neutrinos sont inférieurs à celles prédites pour les scénarios "top-down".

1.2.1 Scénario Bottom-Up (sites astrophysiques)

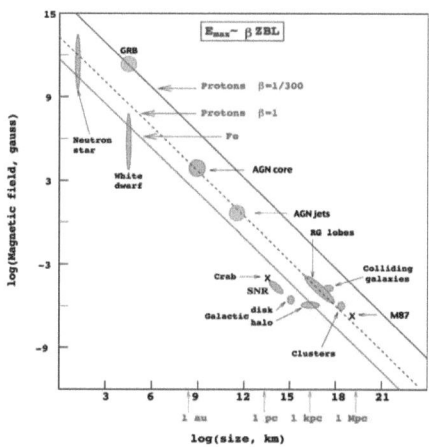

FIGURE 1.1 – Diagramme de Hillas pour les candidats de site accélérateur, reliant leur taille et l'intensité du champ magnétique. Pour accélérer une particule au-delà de $100\,EeV$ le site doit se situer au-dessus des lignes correspondantes au Fer (verte) et au proton (bleue). Figure tirée de [28].

Le mécanisme d'accélération doit remplir deux critères : il doit permettre aux particules chargées d'atteindre des énergies extrêmes $> EeV$ (voir la figure 1.1) et le site d'accélération doit fournir un spectre d'injection (modélisé généralement par une loi de puissance) qui conduit à un spectre de rayons cosmiques compatible avec celui qui est observé sur Terre (après propagation). L'accélération des rayons cosmiques chargés repose sur la présence d'un champ électromagnétique $(\vec{E}, \vec{B})$ via l'action de la force de Lorentz $\vec{F} = q(\vec{E} + \vec{v} \wedge \vec{B})$. Afin de valider ce scénario, l'identification de ces sites d'accélération est essentielle. Par exemple, dans certaines régions de l'Univers, comme au sein de la magnétosphère des étoiles à neutrons, ou des disques d'accrétion des trous noirs, la différence de potentiel électrique présumé à une valeur de $10^{13}\,V$ peut aboutir à un champ électrique capable d'accélérer des particules chargées. De même, les champs magnétiques sont omniprésents au voisinage des objets astrophysiques. Leurs variations dans l'espace et le temps impliquent l'existence des champs électriques transitoires dans ces objets qui peuvent aussi fournir une quantité conséquente d'énergie aux particules chargées.

En 1949, Fermi a proposé un mécanisme d'accélération des rayons cosmiques basé sur la diffusion des particules par des perturbations magnétiques. Suivant la nature de leur mouvement, on distingue deux mécanismes différents de transfert d'énergie. Lorsque ce mouvement est cohérent, le transfert d'énergie est proportionnel aux vitesses des perturbations et dans ce cas on parle du mécanisme de Fermi du premier ordre. Le mécanisme de Fermi du second ordre se produit lorsque ce mouvement est aléatoire et le transfert d'énergie devient quadratique [7].

Une première approche qui prend en compte la vitesse de mouvement des perturbations magnétiques relativement faible ($\sim 10\,km.s^{-1}$) et le libre parcours moyen de rayons cosmiques de l'ordre de $30\,parsec$ montre que le temps caractéristique de phénomène d'accélération est de l'ordre de $10^{11}\,ans$! ce qui correspond à un temps plus grand que l'âge de l'Univers. Il s'avère, de plus qu'un tel mécanisme est trop lent pour obtenir des énergies élevées pendant une durée comparable à la durée de vie connue des rayons cosmiques dans la galaxie. Afin de palier à cette limitation, plusieurs améliorations théoriques ont été apportées : notamment pour le mécanisme du premier ordre par des adaptations aux fortes collisions dans un écoulement supersonique, et du mécanisme du second ordre avec l'utilisation des ondes intenses d'Alfvén [1] [1,8,9,28].

Notons qu'un mécanisme du premier ordre permet de prédire l'indice spectral de spectre des rayons cosmiques proche de celui qui rend compte des données expérimentales présenté en figure 1.2. Il existe de nombreuses sources possibles d'onde de choc, Les supernovas de type II semblent être des bons candidats, avec des vitesses de l'ordre de $10^7\,m.s^{-1}$. Supposons maintenant que, dans chaque cycle d'accélération à l'onde de choc, la particule voit son énergie augmenter de $\triangle E = \alpha.E$. Après n cycles son énergie devient :

$$E = E_0(1+\alpha)^n$$

Ainsi, en fonction de l'énergie finale le nombre de cycles d'accélération est :

$$n = \frac{ln(\frac{E}{E_0})}{ln(1+\alpha)}$$

Mais pendant ces n cycles, il existe une probabilité non-nulle que la particule s'échappe de la zone d'accélération, soit P la probabilité que la particule reste dans l'onde de choc pour un cycle

---

1. Les ondes d'Alfvén, nommées d'après Hannes Alfvén, sont des ondes magnétohydrodynamiques. Une onde d'Alfvén dans un plasma est une oscillation des ions et du champ magnétique qui se déplace. L'onde se déplace dans la direction du champ magnétique, bien que certaines puissent avoir différents angles. Le mouvement des ions et de la perturbation sont de même direction : l'onde est dite longitudinale.

1.2. SOURCES DES RAYONS COSMIQUES D'ULTRA-HAUTE ÉNERGIE

d'accélération supplémentaire. Après n cycles le nombre des particules restantes pour l'accélération supplémentaire sera

$$N = N_0 P^n$$

avec N_0 le nombre initial des particules. Exprimons la dernière formule en fonction de l'énergie :

$$ln(\frac{N}{N_0}) = n.ln(P) = ln(\frac{E}{E_0})\frac{ln(P)}{ln(1+\alpha)} = ln(\frac{E_0}{E})^s$$

où $s = -\frac{ln(P)}{ln(1+\alpha)}$. Le nombre N est le nombre des particules qui ont expérimenté un nombre$\geq n$ de cycle, c'est-à-dire qui ont une énergie $\geq E$. Ainsi le spectre différentiel en énergie suit une dépendance en loi de puissance :

$$\frac{dN(E)}{dE} = constante \times \left(\frac{E_0}{E}\right)^{(1+s)}$$

Pour une accélération produite dans une onde de choc, la valeur de s est proche de $1,1$, de telle sorte que l'indice du spectre différentiel est de l'ordre de $-2,1$, à comparer à la valeur observée de $-2,7$ (cf figure 1.2). Le spectre des rayons cosmiques observé pourrait s'expliquer si la probabilité de fuite $(1-P)$ dépend de l'énergie. L'accélération par l'onde de choc auprès de supernova semble capable d'expliquer les énergies des rayons cosmiques de charge $z|e|$ jusqu'à $100.z.TeV$, mais des difficultés apparaissent au-delà. D'autres mécanismes doivent être invoqués pour les rayons cosmiques d'ultra hautes énergies, et parmi lesquels les procédés susceptibles de jouer un rôle important, sont ceux qui sont associés à l'accumulation de la matière au voisinage des étoiles et le gaz au voisinage des trous noirs massifs au centre des AGN. Ceci est soutenu par des données expérimentales compatibles avec une corrélation entre les directions d'arrivées des RCUHE et les AGN [46,48]. Finalement, le lecteur intéressé pourra se reporter aux papiers spécialisés sur les mécanismes de Fermi parmi lesquels [1,8,28].

1.2.2 Scénario particules "top-down"

Ce scénario a été imaginé afin d'interpréter les données expérimentales collectées dans le milieu des années 90 par les expériences AGASA et HIRES. A l'époque, le fait de détecter quelques évènements avec une énergie estimée supérieure à $100\,EeV$ a mis en doute les hypothèses de l'existence d'une éventuelle coupure GZK et de l'existence des sites astrophysiques d'accélération identifiables. Ces problèmes peuvent être contournés en faisant l'hypothèse que ces évènements extrêmement énergétiques seraient les produits des désintégrations d'autres particules "X" plus massives (masse $\gg 10^{20}\,eV$). Ce scénario a été considéré comme attractif de part l'introduction d'une nouvelle physique au-delà du modèle standard, mais il reste très dépendant des modèles.

Ces particules seraient des reliques du début de l'Univers et seraient la conséquence d'une unification des forces fondamentales à une échelle d'énergie de l'ordre de $\sim 10^{16}\,GeV$ c'est-à-dire de $4-5$ ordres de grandeurs au-dessus de l'énergie de la coupure GZK (voir la partie 3.4), avec une masse aux alentours de l'échelle de grande unification $10^{24}\,eV$. Ces reliques pourraient aussi

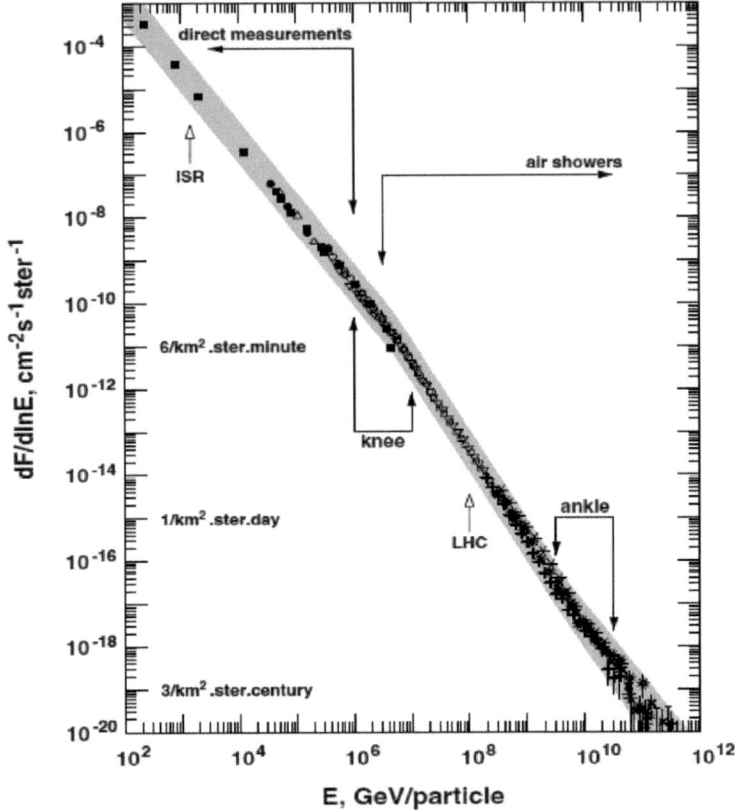

FIGURE 1.2 – Spectre des rayons cosmiques [10].

être des candidats pour la matière noire si leurs durées de vie sont comparables ou supérieures à l'âge de l'Univers. Leurs désintégrations (en quarks et leptons) pourraient contribuer aujourd'hui au flux de rayons cosmiques d'ultra haute énergie avec une anisotropie qui reflète la distribution de la matière au début de l'univers. L'hadronisation des quarks produit alors un spectre de particules dominées par des neutrinos et des photons avec une énergie supérieure à m_X et ces derniers sont supposés être principalement les candidats idéaux des RCUHE [1]. Dans ces scénarios, ces particules seraient concentrées dans le halo de notre galaxie. Le flux des RCUHE (photons et nucléons) serait, par conséquent, dominé par la contribution des reliques se trouvant au niveau du halo galactique de dimension inférieure à la distance limite postulée par l'effet GZK, ce qui aurait pu expliquer à l'époque l'absence de coupure GZK visible [6]. On sait maintenant que cette coupure a été observée sans ambiguïté par Auger [32]. Un autre scénario repose sur l'hypothèse que la section

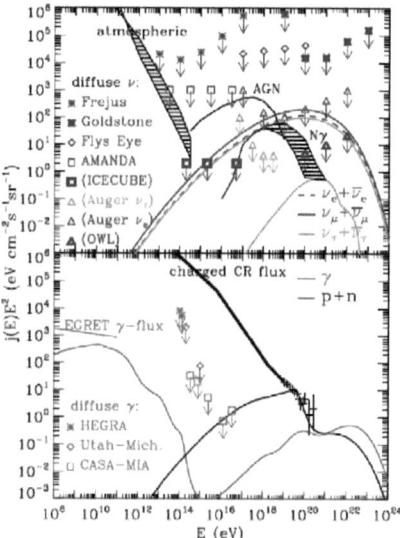

FIGURE 1.3 – Spectre de toutes les particules dans un scénario top-down impliquant la désintégration en deux quarks d'une particule "X" non-relativiste de masse $10^{16}\,GeV$, déduit à partir d'une distribution homogène de défauts topologiques [1]. En dessous, le flux des particules visibles, des nucléons et les photons γ déduit des données expérimentales des expériences Haverah Park, Fly's Eye, AGASA, EGRET, HEGRA, Utah-Michigan CASA-MIA et AMANDA [1]. L'encart en haut, montre le spectre des nucléons et des photons γ attendu dans les scénarios top-down (le flux observé est reproduit en-dessous de $3.10^{19}\,eV$). On remarque que vers des valeurs inférieures en énergie où l'univers est transparent pour les nucléons, les mécanismes bottom-up pourraient expliquer ce spectre. L'encart en bas, présente les prédictions théoriques en matière de flux (cas des γ et des neutrinos) qui devraient être détectables avec les expériences actuelles des rayons cosmiques.

efficace de l'interaction au centre de masse du système neutrino-nucléon pourrait être beaucoup plus grande que celle prédite par le modèle standard [4]. En effet, il a été suggéré que la section efficace d'interaction du neutrino-nucléon $\sigma_{\nu N}$, peut être accrue par une nouvelle physique au-delà de l'échelle de l'interaction électrofaible de $246\,GeV$ dans le référentiel du centre de masse. Notons toutefois qu'un neutrino commence à interagir dans l'atmosphère typiquement pour des valeurs de $\sigma_{\nu N} > 10^{-27}\,cm^2$ alors que la section efficace minimum, nécessaire pour initier des gerbes dans les premiers $50\,g.cm^{-2}$ de l'atmosphère, est $10^{-26}\,cm^2$ [5]. Ce scénario ne favorise pas la détection des gerbes verticales car la profondeur verticale de l'atmosphère est $\sim 1000\,g.cm^{-2}$, mais plutôt des gerbes horizontales car dans ce cas la profondeur traversée est $36000\,g.cm^{-2}$. Ce scénario conduirait à un flux de neutrinos assez significatif au dessus de $10^{21}\,eV$, domaine pour lequel la technique de radiodétection pourrait être intéressant [63].

1.3 Le spectre des rayons cosmiques

Le spectre de rayons cosmiques (voir la figure 1.2) est considéré comme un spectre non thermique modélisé par une loi de puissance régulière. Il s'étale sur 11 ordres de grandeur en énergie de $10^9\,eV$ à $10^{20}\,eV$ et 32 ordres de grandeur en flux, allant de quelques événements par $m^2.sr.s$ à $10^9\,eV$ jusqu'à 1 par $km^2.sr.siècle$ vers $10^{20}\,eV$. Il est généralement présenté sous la forme d'un flux différentiel :

$$F(E) = \frac{d^4N}{dE.dS.d\Omega.dt} = E^{-n}$$

où N est le nombre des rayons cosmiques incidents par unité d'énergie E, de surface S, de l'angle solide Ω et du temps t, n est l'indice spectral. Les mesures expérimentales indiquent un indice moyen de $2,7$. Cette valeur varie cependant dans certaines régions : n passe de $\sim 2,7$ à ~ 3 vers $3-5.10^{15}\,eV$ cette région est nommée **le genou**, et devient $\sim 3,3$ vers $5.10^{17}\,eV$ au niveau d'un **second genou**, puis retrouve les valeurs $2,7-3,0$ vers $3.10^{18}\,eV$ au niveau "de **la cheville**". La tentation est forte d'associer ces variations à ces différentes régions d'émission, on distingue souvent :

Les basses énergies : Ces rayons cosmiques ont une énergie $E_p < 1\,GeV$ et sont caractérisés par un flux très élevé. Ils montrent des effets directionnels et une dépendance temporelle. Leur rigidité magnétique [2] insuffisante les rendent sensibles aux effets du champ magnétique de la terre (modélisé par un dipôle magnétique), et aussi à la modulation temporelle du vent solaire, qui suit un cycle de 11 ans (modulation d'intensité en opposition de phase avec le cycle solaire [11]). Par exemple la figure 1.5 donne un exemple des effets en présentant une compilation des résultats expérimentaux pour les trente dernières années du comptage de neutrons au niveau du sol. Le maximum de nombre des neutrons détectés correspond au minimum de l'activité solaire et vice versa avec un retard d'un à deux ans.

Ces études se conduisent généralement en utilisant une détection directe avec des détecteurs embarqués (satellites, ballons), ou encore par les sondes spatiales (Voyager et Pioneer entre 1977 et 1995 [12]) et qui ont notamment montré la modulation solaire ainsi que le rôle de ces rayons dans l'équilibre thermique du milieu interstellaire local.

Les énergies intermédiaires : Cette région se situe entre quelques GeV et $10^5\,GeV$, où ce flux de rayons cosmiques décroit avec un indice spectral de $\sim 2,7$. Dans cette région, le flux des particules est encore suffisant pour envisager une détection directe avec des ballons et des satellites équipés de détecteurs de quelques m^2 de surface active.

Ces détecteurs permettent la détermination directe de la nature du rayon cosmique incident (par

---

2. La rigidité magnétique est le rayon de giration d'une particule placée dans un champ magnétique de $1\,Tesla$. Elle a pour formule $R = \frac{p.c}{Z.|e|}$, p et $Z.|e|$ sont respectivement l'impulsion et la charge électrique de la particule.

1.3. LE SPECTRE DES RAYONS COSMIQUES

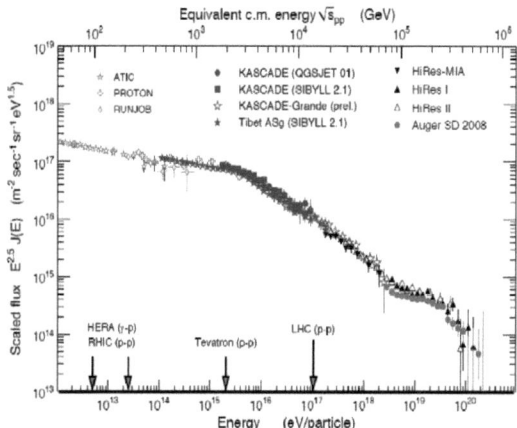

FIGURE 1.4 – Présentation du spectre de rayons cosmiques [21] (le flux est multiplié par $E_p^{2,5}$). Les mesures expérimentales directes au-dessus de l'atmosphère ont été obtenues par les expériences ATIC, PROTON, et RUNJOB, les mesures indirectes par les expériences Tibet ASγ interprétées avec un modèle hadronique SIBYLL 2.1, KASCADE (avec deux modèles hadroniques), KASCADE-Grande et Akeno. Les mesures aux ultra hautes énergies ($>10^{18}\,eV$) sont celles des expériences HiRes-MIA, HiRes I et II et Pierre Auger.

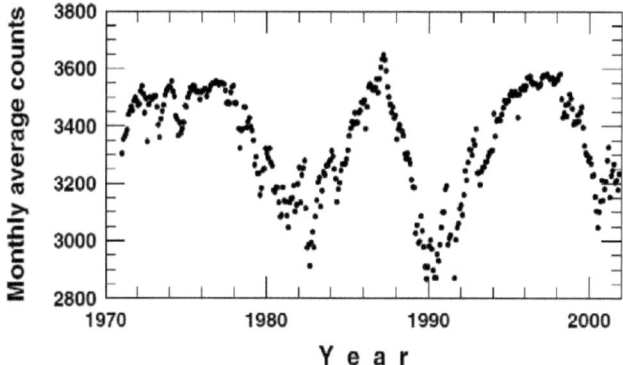

FIGURE 1.5 – Taux de neutrons détecté moyenné sur un mois par l'expérience Swarthmore/Newark neutron monitor. La figure est tirée de [13].

identification) et de son énergie (par calorimétrie), et de préciser dans ce domaine d'énergie les sections efficaces d'interaction nucléaire, les rapports d'abondances des éléments primaires (accélérés

Energie	Flux	Méthodes de détection
GeV	10 GeV : 8 par m^2 par sr par s	directes par satellites/ballons
TeV	1 TeV : 0,16 par par m^2 par sr par s	directes par satellites/ballons
TeV	100 TeV : 6 par m^2 par sr par $jour$	directes et indirectes par ballons/grandes gerbes
PeV	10 PeV : 0,6 par m^2 par sr par an	indirectes grandes gerbes atmosphériques
EeV	10 EeV : 0,6 par km^2 par sr par an	indirectes grandes gerbes atmosphériques
EeV	100 EeV : 0,6 par km^2 par sr par $Siècle$	indirectes grandes gerbes atmosphériques

TABLE 1.1 – Ordre de grandeur des intensités des rayons cosmiques incidents à différentes énergies. Les méthodes de détection sont indiquées aussi pour chaque énergie.

au niveau des sites astrophysiques) et secondaires (produits de spallation pendant la propagation) et la quantité de matière traversée par ces rayons pendant leur propagation (en $g.cm^{-2}$). Des indications fortes suggèrent que la source de ces particules serait notre galaxie, puisqu'elles y resteraient piégées par le champ magnétique interstellaire (rayon de Larmor « Taille de la galaxie) qui courbe leurs trajectoires et qui rend leur flux isotrope. Les principaux candidats potentiels des sources seraient les explosions de supernovae connues sous le nom "SuperNovae Remnants (SNR)" [16].

1.3.1 Le genou

Le genou se situe à 3.10^{15} eV et il présente la première cassure de pente dans le spectre. A ces énergies, l'indice spectral augmente de 2,7 à 3 et le flux diminue d'une manière drastique avec moins d'une particule par m^2 par sr par an (voir le tableau 1.1). La détection directe devient inefficace. L'atmosphère terrestre est donc utilisée comme volume de détection dans lequel les particules primaires initient des gerbes atmosphériques constituées de particules secondaires qui sont mesurées au niveau du sol par un réseau de détecteurs [3]. La statistique de détection dépend alors de la surface des détecteurs déployés. De plus, le caractère indirect de la détection rend la procédure d'identification de la nature et de l'énergie de la particule primaire plus difficile, puisqu'on se heurte aux effets systématiques de fluctuation des observables physiques, gerbe à gerbe (voir le chapitre 3). L'interprétation des données expérimentales fait intervenir des modèles d'interactions hadroniques déduit des énergies disponible auprès des accélérateurs.

L'origine exacte du rayonnement dans cette région du spectre reste encore incertaine. Une

---

[3]. On note ici que la même atmosphère qui constitue un obstacle à l'observation de particules de basses énergies est presque le milieu idéal pour détecter les rares primaires de hautes énergies.

1.3. LE SPECTRE DES RAYONS COSMIQUES

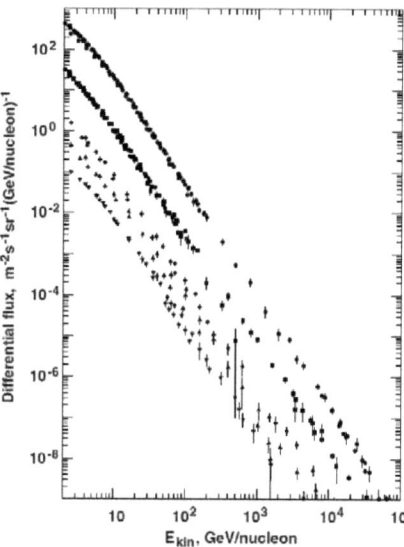

FIGURE 1.6 – Spectre en énergie des rayons cosmiques pour 5 masses différentes : H, He, CNO, Ne-Si, et pour un nombre de charge $Z > 17$. Figure tirée de [10].

explication possible pourrait être une superposition de différentes sources avec différents spectres, ou même un changement dans la masse de la particule primaire.

1.3.2 Le second genou

Un second genou appelé aussi "le genou du fer" se trouve vers 3.10^{17} eV. La pente du spectre passe de ~ 3 à $3,3$. L'expérience Kascade-Grande [22] a particulièrement analysé ce changement de pente. A partir de l'analyse de la figure 1.7, les gerbes atmosphériques riches en électrons (qui devraient être initiées par les protons) et les gerbes pauvres en électrons (initiées par les noyaux lourds), il est constaté que la structure du second genou est plus visible dans les spectres des gerbes pauvres en électrons. Cette constatation suggère l'interprétation selon laquelle cette cassure pourrait être le résultat de la disparition progressive d'un élément lourd comme le fer dans le rayonnement. En effet, à une certaine énergie les particules chargées ne seraient plus confinées par les champs magnétiques galactiques, les protons commenceraient à s'échapper hors de la galaxie, suivis par, les éléments les plus lourds. Ce résultat favorise aussi fortement les modèles qui prédisent une origine galactique des rayons cosmiques dans cette région et conforte l'hypothèse d'une origine extragalactique des rayons cosmiques d'ultra haute énergie.

Notons que l'intérêt de cette région est de pouvoir comparer les modèles de gerbes avec les

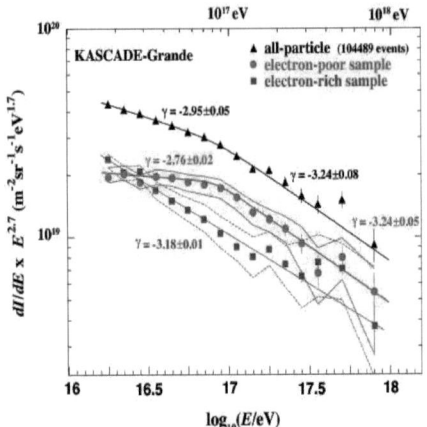

FIGURE 1.7 – Spectres mesurés des gerbes riches en électrons, pauvres en électrons et pour toutes les gerbes, pour une fenêtre angulaire en angle zénithal [0°, 40°]. Dans cette interprétation, la richesse en électron est liée à la masse des primaires. Figure tirée de [22].

données obtenues par les accélérateurs de particules. En effet, l'accélérateur LHC "Large Hadon Collider" qui permet d'accélérer des protons jusqu'à une énergie au centre de masse de l'ordre de $14\,TeV$ qui correspond approximativement à l'énergie du second genou, pourrait apporter des explications des phénomènes physiques à ces énergies.

1.3.3 La cheville

Un assouplissement du spectre où la pente repasse à 2, 7, surnommé cheville, est visible vers $3.10^{18}\,eV$. Cette cassure de pente pourrait indiquer une transition galactique/extragalactique pour l'origine des rayons cosmiques. Les particules énergétiques produites dans notre galaxie peuvent fuir les champs magnétiques de la galaxie (intensité généralement admise de $\sim 3\,\mu G$) et celles produites à l'extérieur peuvent y pénétrer. Aujourd'hui, c'est l'étude de ce domaine qui fait l'objet des principaux développements et correspond au cadre dans lequel se réalise cette thèse.

1.3.4 La coupure GZK

Deux ans après la découverte du fond diffus cosmologique (CMB) en 1964 par Arno Penzias et Robert Wilson [23], 3 physiciens ont prédit simultanément en 1966 une coupure qui sera nommée GZK (pour Greisen [18], Zatsepin et Kuzmin [19]). Cette coupure stipule que les photons du CMB ($T = 2,73\,K$) dans le référentiel propre des protons d'énergie extrême $10^{20}\,eV$, possèdent l'énergie suffisante pour ouvrir le canal d'interaction avec les protons et produire des π^0 et des π^+ via la

1.3. LE SPECTRE DES RAYONS COSMIQUES

production de la résonance Δ^+ (l'énergie dépasse le seuil de production de cette particule) :

$$p + \gamma \to \Delta^+ \to n + \pi^+$$
$$p + \gamma \to \Delta^+ \to p + \pi^0$$

Cette réaction conduit donc à une perte d'énergie des rayons cosmiques, illustrée par la figure

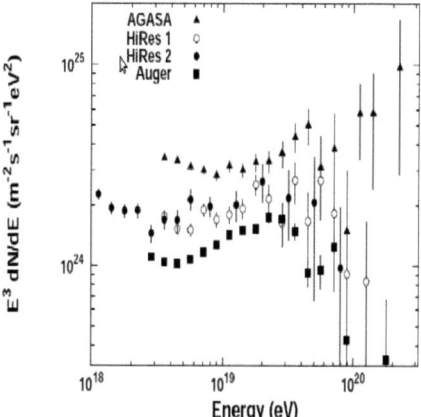

FIGURE 1.8 – Superposition des spectres multipliés par E^3 mesurés par les expériences Hires, AGASA et Pierre Auger. Dans les années 2000, les expériences HiRes et Pierre Auger indiquent la coupure GZK, alors que AGASA (années 90) n'observe aucune diminution du flux. Figure tirée de [28].

1.9 pour des protons avec différentes énergies initiales. On remarque que la perte d'énergie est importante pour des énergies supérieures à $10^{20}\,eV$ par le jeu de la section efficace d'interaction. Ainsi, ces rayons cosmiques ne sont plus en mesure d'atteindre la terre à partir des sources éloignées de plus de $\sim 100\,Mpc$. L'existence de cette coupure de flux limite donc l'univers visible [25] à une distance inférieure à $\sim 100\,Mpc$. Concernant les noyaux lourds, ceux-ci se photodésintègrent (production des pions) dans le CMB sur une distance de l'ordre de quelques Mpc [24].

Au cours des années 90, plusieurs gerbes géantes ont été détectées par deux expériences AGASA et HIRES (la plus énergétique fut détectée par Hires en 1991 avec une énergie de $3.10^{20}\,eV$). Pour AGASA, 11 évènements au-dessus de 10^{20} ont été enregistrés et aucune diminution du flux au-delà de cette coupure prédite n'a été observée [29], en contradiction avec les observations de HiRes. Cette contradiction entre les deux plus grandes expériences des années 90 a suscité un intérêt particulier puisque l'existence d'un effet GZK implique l'existence des sources possibles des RCUHE à des distances de l'ordre de $100\,Mpc$. Les résultats d'AGASA ont inspiré les théories exotiques sur l'origine des RCUHE surnommées "top-down".

L'expérience Hires a publié en 2006 [30] et en 2008 avec plus de statistique [31] la preuve expérimentale de l'existence d'une coupure dans le spectre à une énergie en accord avec E_{GZK} avec une signification statisitique de $5.\sigma$. Depuis, l'expérience Pierre Auger située dans l'hémisphère sud a également observé une coupure à 40 EeV à 20 J [32].

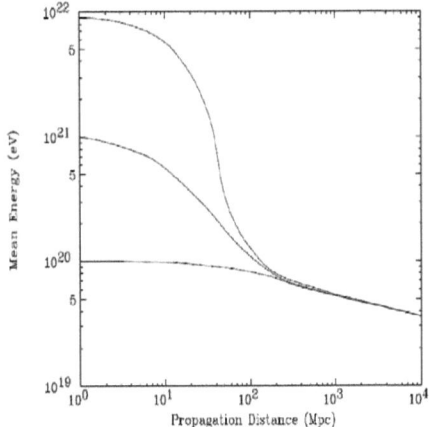

FIGURE 1.9 – L'énergie moyenne des protons se propageant à travers le fond diffus cosmologique en fonction de la distance de propagation. Un proton d'énergie initiale de 10^{21} eV perd une partie de cette énergie au bout de 100 Mpc dans le CMB. Figure tirée de [28].

1.4 Les résultats actuels

1.4.1 Composition des RCUHEs :

La composition est déterminée à partir de la mesure de profondeur de maximum de développement de la gerbe X_{max}. Le X_{max} peut être déterminé pour chaque événement avec la fluorescence, mais la composition massique est généralement estimée statistiquement en comparant $<X_{max}>$ et la moyenne quadratique $RMS(X_{max})$ avec les simulations des gerbes atmosphériques. Cela est dû à la grande fluctuation événement par événement de X_{max} (en particulier pour les gerbes initiées par les protons) et aux erreurs de mesure de X_{max}. Jusqu'à maintenant, la manière la plus directe de mesure de X_{max} est l'imagerie du développement longitudinal de la gerbe à l'aide des télescopes de fluorescence utilisés dans HiRes, Auger et TA. D'autres méthodes moins fiables sont utilisées pour cette mesure, en utilisant la distribution de la lumière Cerenkov au sol (Yakutsk) et la détection des muons au sol par le réseau des détecteurs des particules d'Auger.

Les mesures de $<X_{max}>$ et $RMS(X_{max})$ sont présentées dans les figures 1.10 et 1.11. Une

1.4. LES RÉSULTATS ACTUELS

divergence manifeste entre les résultats expérimentaux publiés par Auger (qui suggère un alourdissement de la composition à haute énergie) et Hires-TA (qui suggère un allègement de la composition avec l'augmentation de l'énergie) caractérise les données récentes. Les différentes mesures sont difficilement superposables puisque chaque expérience traite les données de manière différente. Ces résultats indiquent que le problème de la composition reste encore non résolu.

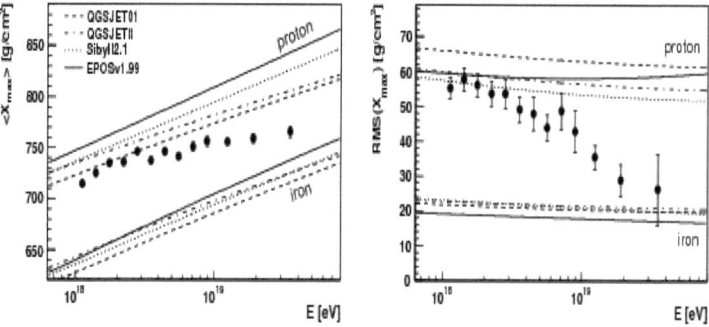

FIGURE 1.10 – Gauche : Dépendance en énergie des $<X_{max}>$ obtenus par Auger. Les résultats sont comparés aux simulations (plusieurs modèles hadroniques QGSJET, SIbyl et EPOS) (lignes). Droite : Evolution de la quantité $RMS(X_{max})$ définie comme la moyenne quadratique des fluctuations de X_{max}. Figure tirée de [42].

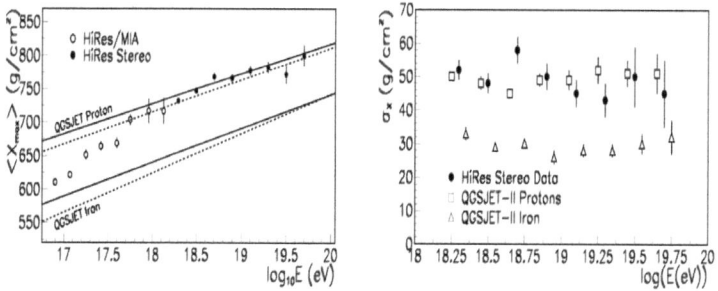

FIGURE 1.11 – Gauche : Dépendance de $<X_{max}>$ en fonction de l'énergie pour l'expérience TA. Les valeurs de $<X_{max}>$ sont comparées aux simulations (lignes). Droite : La dépendance de $RMS(X_{max})$ en fonction de l'énergie. Figure tirée de [43].

1.4.2 Anisotropie :

D'après les modèles astrophysiques, les champs magnétiques galactiques et extragalactiques ne devraient dévier les RCUHE que de quelques degrés pour les énergies supérieures à $10^{20}\,eV$. Ainsi, une corrélation pourrait être faite entre les directions d'arrivée et les sources des RCUHE (au moins pour les sources se trouvant à des distances inférieures à l'horizon GZK $\sim 100\,Mpc$). En 2007, l'expérience Auger a publié une corrélation entre les directions d'arrivée des RCUHE d'énergie supérieure à $57\,EeV$ et les positions des noyaux actifs des galaxies (à moins de $75\,Mpc$) répertoriées dans la $12^{\text{ème}}$ édition catalogue Veron-Cetty et Veron (VCV) [38]. Le résultat a été

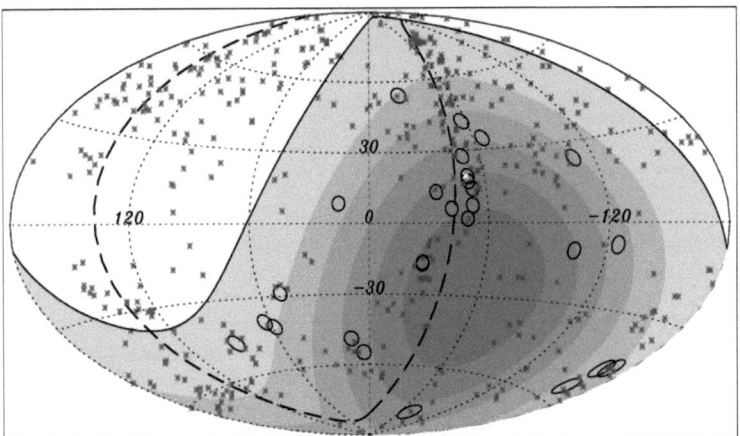

FIGURE 1.12 – Première carte galactique des directions d'arrivée des 27 évènements d'énergie $E_p \geq 55\,EeV$ publiée en 2007 [38]. Les directions des RCUHE sont indiquées par les cercles de rayon $3,1°$. La ligne continue noire délimite l'exposition du détecteur pour des angles zénithaux inférieurs à $60°$. La ligne pointillée est le plan super-galactique. Le gradien bleu représente la carte de couverture de l'expérience.

mis à jour lors de la conférence ICRC 2011 et la carte du ciel est représentée dans la figure 1.13. Durant cette période le coefficient de corrélation avec les sources AGN est passé de 61% à 33%, mais la signification statistique reste au-delà de 3σ par rapport à une corrélation due à un hasard pur correspondant à une distribution isotrope des rayons cosmiques. Une concentration d'évènements corrélés à proximité de Centauraus A est envisagée [37], bien que pour l'instant la signification n'a pas augmenté malgré l'augmentation de la statistique [39].

Pour l'hémisphère nord, l'expérience Telescope Array indique une corrélation avec 11 évènements dans une statistique totale de 25 évènements passant les coupures d'analyse identiques à celles d'Auger [40]. Le coefficient de corrélation, trouvé dans l'ensemble uniforme et aléatoire de

1.4. LES RÉSULTATS ACTUELS

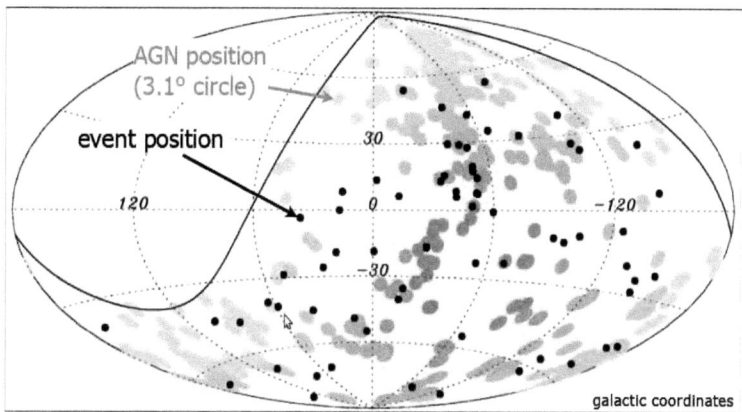

FIGURE 1.13 – Carte des directions d'arrivée projetée dans un système de coordonnées galactiques des 69 événements d'énergie $E_p \geq 55\,EeV$ vus par Auger jusqu'au 31 décembre 2009 [37]. Les directions des rayons cosmiques sont indiquées par des points. La ligne continue noire délimite l'exposition du détecteur pour des angles zénithaux inférieurs à 60°. Les cercles bleus de rayon $3,1°$ sont centrés sur les positions de 318 AGN du catalogue VCV à moins de $75\,Mpc$ de distance par rapport à la terre.

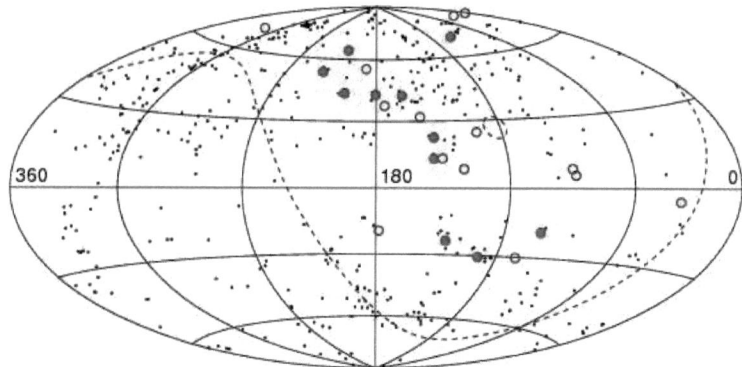

FIGURE 1.14 – Carte des directions d'arrivée des RCUHE dans le ciel de l'hémisphère nord observées par TA. Des conditions de corrélation identiques à celles de la figure 1.13 ont été appliquées [40].

25 évènements, est de 5,9 et la signification statistique est supérieure à 2σ par rapport à une corrélation fortuite.

Pour l'instant on peut dire que les études de corrélation des directions d'arrivée des RCUHE suggèrent d'une part l'existence d'une corrélation faible avec la distribution de la matière se trouvant au voisinage de la terre et d'autre part un ciel isotrope à grande échelle (en opposition avec les différentes publications d'anisotropie) [41] [4].

1.4.3 Mesure de la section efficace d'interaction proton-air au centre de masse de 57 TeV :

Jusqu'à maintenant aucun des modèles actuels d'interaction hadronique (EPOS, QGSJET, Sibyle), n'est en mesure de décrire systématiquement les données des rayons cosmiques, ce qui empêche la détermination de la composition chimique du primaire avec précision. L'amélioration de ces modèles est considérée comme un défi majeur dans cette problématique.

Dans ce contexte, l'expérience Auger a publié récemment une mesure de la section efficace d'interaction entre proton et air en utilisant une méthode basée sur l'exploitation de la queue de la distribution de X_{max} dans la gamme énergétique 10^{18} $eV - 10^{18,5}$ eV où les protons dominent le flux des RCUHE c'est-à-dire à une énergie au centre de masse d'un système nucléon-nucléon de $\sqrt{s} = 57\,TeV$ [44]. Cette section efficace de production des hadrons est liée directement au développement de la gerbe. Ainsi pour la mesure, l'expérience Auger utilise les données hybrides et analyse la forme de la queue de la distribution des X_{max} et spécialement les grands X_{max}. Cette queue qui contient 20% de la statistique, est ajustée par une fonction exponentielle $\frac{dN}{dX_{max}} \propto e^{-\frac{X_{max}}{\Lambda_{20}}}$. Λ_{20} est relié directement à σ_{p-Air} par la formule $\sigma_{p-Air} = \frac{<m_{air}>}{\Lambda_{20}}$. Dans la pratique, pour prendre en compte des fluctuations gerbe à gerbe et des effets de détecteur, cette queue exponentielle est comparée à des simulations monte carlo. L'encart en haut de la figure 1.15 illustre l'ajustement de queue et l'encart en bas montre une comparaison entre la valeur trouvée de σ_{p-Air} avec d'autres mesures effectuées dans des expériences auprès des accélérateurs et elle est égale à :

$$\sigma_{p-Air} = (505 \pm 22_{stat} \binom{+19}{-14}_{sys})\,mb$$

Le résultat est favorable à une augmentation modérée et lente de la section efficace vers les hautes énergies, en accord avec les résultats récents du LHC [49].

1.5 Les gerbes atmosphériques

1.5.1 Introduction

Une gerbe atmosphérique est la cascade des particules générées par le processus d'interaction d'une particule primaire de haute énergie venant de l'espace dans l'atmosphère. Au cours de ce

---
[4]. On pourra noté que depuis ICRC 2013 (2-9 juillet 2013) une nouvelle interprétation de l'ensemble de ces résultats est donnée par la collaboration Pierre Auger (cf A. Letessier-selvon, Highlights from the Pierre Auger Observatory).

1.5. LES GERBES ATMOSPHÉRIQUES

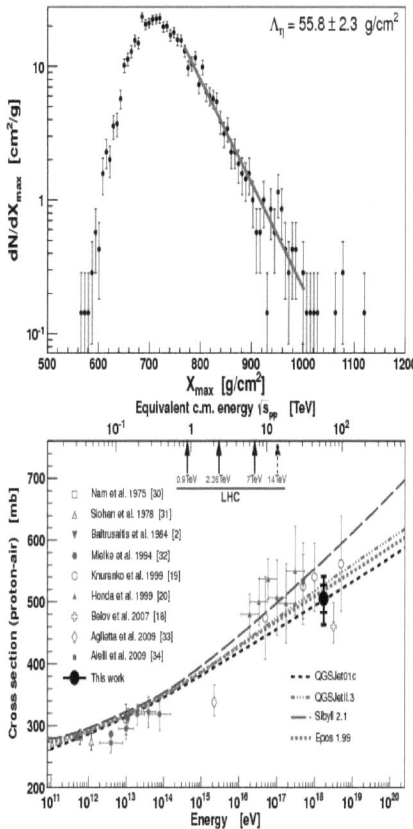

FIGURE 1.15 – Gauche : Histogramme de la distribution de X_{max}, la queue est ajustée par une exponentielle $\frac{dN}{dX_{max}} \propto e^{-\frac{X_{max}}{\Lambda_{20}}}$ qui est liée directement à σ_{p-Air} par $\sigma_{p-Air} = \frac{<m_{air}>}{\Lambda_{20}}$. Droite : σ_{p-Air} section efficace d'interaction proton-air par rapport à d'autres mesures expérimentales et des prédictions théoriques [47]. Figures tirées de [48].

processus, le nombre de particules secondaires augmente, atteint un maximum, puis diminue par effet de perte d'énergie, car de plus en plus des particules atteignent une énergie inférieure au seuil de production d'autres nouvelles particules. L'atmosphère terrestre peut-être considérée comme une couche de matière d'épaisseur $1000\,g.cm^{-2}$ pour une gerbe verticale ainsi elle constitue un calorimètre naturel. Les protons primaires ont un libre parcours moyen d'interaction avec les noyaux de l'air de $80\,g.cm^{-2}$ ($\sim 700\,m$ à une altitude de $10\,km$), pour les particules les plus lourdes cette valeur est plus petite. C'est pourquoi les particules primaires interagissent à haute altitude et seules les particules secondaires arrivent au sol. Ce phénomène découvert en 1938 par Pierre Auger [34], est détectable grâce à ces secondaires atteignant le sol ou via les photons de fluorescence émis par les molécules atmosphériques d'azote pendant l'interaction des particules chargées. Une gerbe est caractérisée par plusieurs propriétés comme son développement longitudinal et latéral, sa profondeur à laquelle le nombre des particules est maximal X_{max} ($g.cm^{-2}$), sa géométrie (cf figures 1.16 et 1.20) et sa composition (gerbes hadroniques et électromagnétiques).

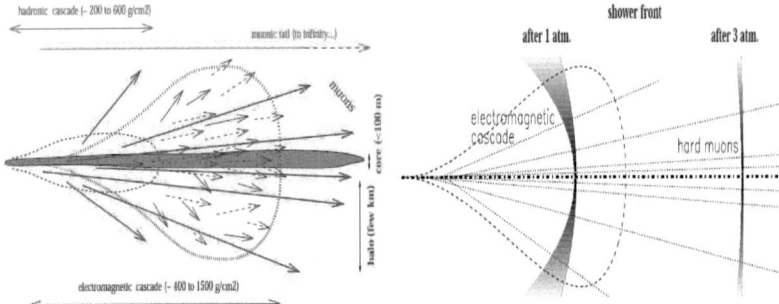

FIGURE 1.16 – Gauche : Schématisation des différentes composantes de la gerbe atmosphérique. Droite : Structure spatio-temporelle (évolution de la courbure du front en fonction de la profondeur atmosphérique traversée). Figure tirée de [1].

1.5.2 Développement longitudinal

Le développement longitudinal est lié au nombre moyen des particules en fonction de l'épaisseur d'atmosphère traversée exprimée en $g.cm^{-2}$ (voir la figure 1.16). Pour décrire la loi d'évolution de ce nombre des particules et estimer les ordres de grandeur des différentes propriétés des gerbes, plusieurs modèles ont été imaginés comme notamment le modèle de Heitler (le plus simple) [35] puis le modèle de GIL (Greisen-Iljina-Linsley) [36].

Le modèle de Heitler : décrit le développement d'une cascade életromagnétique (schématisé par la figure 1.17), en tenant compte uniquement de la création des paires e^+/e^- ($\gamma \longrightarrow e^+ + e^-$) et l'émission des photons par un rayonnement de Bremstrahlung ($e^{\pm} \longrightarrow e^{\pm} + \gamma$). Le nombre de particules augmente en fonction de la longueur de radiation λ dans le milieu et X la profondeur atmosphérique suivant la relation :

$$N(X) = 2^{\frac{X}{\lambda}}$$

Ainsi à chaque interaction, le nombre de particules est multiplié par 2, par contre l'énergie du primaire E_p est divisée par 2 à chaque interaction car elle est partagée entre les secondaires suivant

1.5. LES GERBES ATMOSPHÉRIQUES

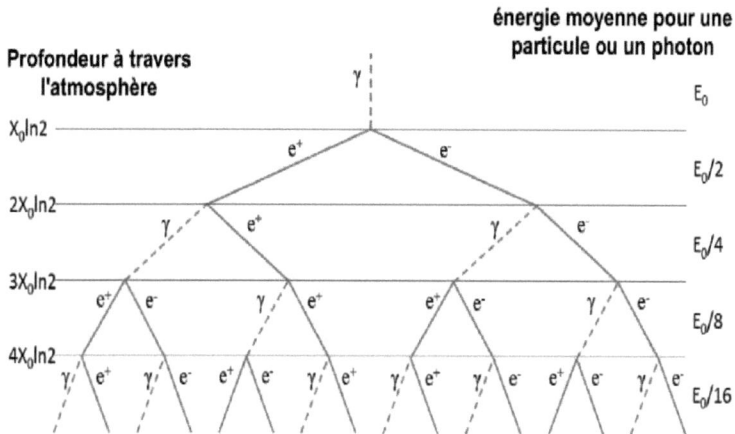

FIGURE 1.17 – Schéma simplifié du développement d'une gerbe électromagnétique selon le modèle de Heitler.

la relation :
$$E(X) = \frac{E_p}{2^{\frac{X}{X_0}}}$$

Finalement, cette multiplication s'arrête lorsque l'énergie par particule devient faible et inférieure au seuil énergétique de déclenchement d'un processus électromagnétique dans l'air ($E_c = 80\,MeV$). La gerbe atteint alors son maximum de développement défini par la formule suivante :
$$X_{max} = X_0.ln(\frac{E_p}{E_c})$$

où $X_0 = 37\,g.cm^{-2}$ est la longueur de radiation dans l'air. On remarque que N_{max} le nombre de particules dans la gerbe à la profondeur X_{max} est proportionnel à l'énergie du primaire
$$N_{max} = \frac{E_p}{E_c}$$

Malgré sa simplicité ce modèle de Heitler permet aussi de modéliser le phénomène de multiplication du nombre de particules dans les gerbes hadroniques.

Le modèle de GIL (Greisen-Il'ina-Linsley) : proposé par Linsley, le modèle s'appuie sur la paramétrisation de Greisen [45] pour donner une formule analytique donnant le nombre de particules dans la gerbe N en fonction de l'énergie du primaire E_p, de son nombre de masse A et de l'épaisseur d'atmosphère traversée depuis la première interaction t (exprimée en unité de longueur d'interaction $X_0 = 37,15\,g.cm^{-2}$) tel que $t = \frac{X-X_1}{X_0}$:
$$N(E_p, A, t) = \frac{E_p}{E_n}e^{t-t_{max}-2t.ln(s)}$$

où $E_n = 1,45\,GeV$ représente un facteur de normalisation, $t_{max} = 1,7 + 0,76.(ln(\frac{E_p}{E_c}) - ln(A))$ est l'épaisseur d'atmosphère traversée au niveau de X_{max} et $E_c = 80\,MeV$ est l'énergie critique dans l'air. La variable $s = \frac{2t}{t+t_{max}}$ s'appelle "âge de la gerbe" et décrit le déroulement du développement de la gerbe. Si on se limite aux phénomènes de bremstrahlung et de création de paire, N croît avec t, mais les électrons individuels sont de moins en moins énergétiques. Ainsi, $N(t)$ passe par un maximum pour une profondeur $X_{max} = X_0.t_{max}$. On remarque que N_{max} est proportionnel à E_p et souvent ce nombre effectif d'électrons est affecté par les fluctuations de $N(t)$ qui sont de 3 sortes :

1. les fluctuations de la profondeur de la première interaction (elles sont minimums au niveau de X_{max});
2. les fluctuations dans le développement de la gerbe;
3. les fluctuations liées à la technique de détection.

Mais lorsque l'énergie d'un électron tombe en-dessous de l'énergie critique E_c, l'électron est progressivement ralenti jusqu'à l'arrêt et la gerbe entre en phase d'extinction.

Le modèle de GIL sert à estimer l'énergie avec le réseau des scintillateurs et à étudier les fluctuations du premier point d'interaction.

Dans l'expérience CODALEMA, ce modèle a été utilisé pour obtenir une estimation de l'énergie pour des gerbes âgées (très inclinées ou peu énergétiques).

La gerbe hadronique : contient les hadrons comme les pions (π^+, π^-, π^0) et les kaons (K^+, K^-, K^0), créés à partir de l'interaction de la particule primaire. Cette gerbe se caractérise par son étendue latérale faible. La complexité de la composition de cette gerbe oblige à utiliser des simulations pour en comprendre les propriétés. En effet, plusieurs longueurs caractéristiques sont présentes : longueur de radiation, longueur d'interactions nucléaires $\lambda_N \sim 70-80\, g.cm^{-2}$, longueur de vol avant désintégration radiative (par exemple pour le canal $\pi^0 \to 2\gamma$ qui crée une sous gerbe électromagnétique) (voir la figure 1.17).

Les expériences auprès des accélérateurs et collisionneurs fournissent les bases de données pour ces simulations; celles-ci sont cependant affectées par des incertitudes sur plusieurs paramètres importants, notamment l'inélasticité[5] variable et très difficile à mesurer dans un collisionneur. De plus, dans le cas des rayons cosmiques nous avons affaire à des collisions noyau-noyau (et non proton-proton au LHC ou anti-proton-proton) et à des énergies dans le centre de masse dépassant largement celles qui sont accessibles aux accélérateurs actuels. On peut noter aussi que pour les gerbes hadroniques :

– Il existe une profondeur X_{max} où la gerbe atteint son développement maximal; X_{max} varie toujours logarithmiquement avec l'énergie et l'on peut écrire $X_{max} = X_0^{simu} ln(\frac{E_p}{E^{simu}})$, les constantes X_0^{simu} et E^{simu} étant ajustées à partir de la simulation;
– la mesure de X_{max} et de $N_e(t)$, gerbe par gerbe, permet de se débarrasser des fluctuations de la première interaction.

---

5. La fraction d'énergie qui n'est pas emportée par la particule dominante pendant une collision

1.5. LES GERBES ATMOSPHÉRIQUES

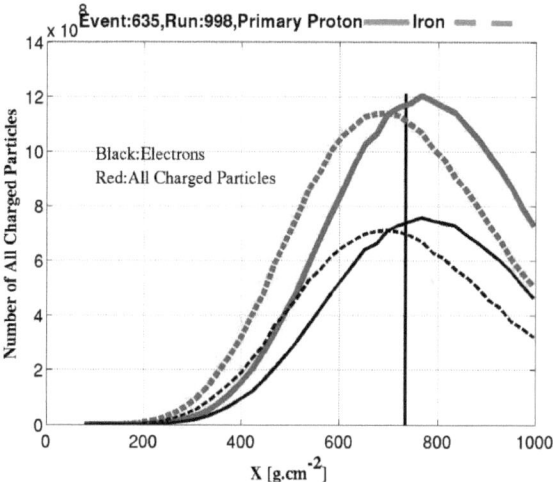

FIGURE 1.18 – Développements longitudinaux de gerbes obtenus par simulation : contribution des parties électroniques et des particules chargées pour des primaires protons (lignes continues), et noyau de fer (lignes discontinues). La simulation est réalisée par le code AIRES pour un évènement CODALEMA en adoptant les mêmes conditions physiques de Nançay.

1.5.3 Développement latéral

Un réseau de détecteurs au sol échantillonne la densité de particules chargées en fonction de la distance à l'axe de la gerbe (la direction du primaire). La totalité des particules sont produites proches de l'axe de la gerbe : 80% sont comprises dans un rayon de 100 mètres autour de l'axe. La figure 1.19 illustre les distributions latérales moyennées sur 100 gerbes de proton et de fer simulées avec CORSIKA. Les composantes principales sont d'une part les particules électromagnétiques, photons et électrons/positrons, et d'autre part les muons ; les particules hadroniques sont quant à elles négligeables au-delà d'une centaine de mètres de l'axe de la gerbe. Une paramétrisation de la distribution latérale NKG (**N**ishimura, **K**amata et **G**reisen) a pour formule :

$$\rho(r) = N_e \frac{c(s)}{r_0^2} (\frac{r_0}{r})^{s-2} (1 + \frac{r}{r_0})^{s-4,5}$$

$$avec\, c(s) = 0,366 s^2 (2,07-s)^{1,25} \, et\, s = \frac{3t}{t + 2t_{max}}$$

N_e est le nombre d'électrons-positrons, ρ est la densité d'atmosphère, r_0 est le rayon de Molière qui modélise la dispersion latérale de la gerbe (au niveau de la mer $r_0 = 80\,m$). Cette distribution ne concerne que les électrons et les positrons. Comme nous venons de le voir, la partie muonique n'est dominante qu'à grande distance et/ou pour des gerbes inclinées ou peu énergétiques. Pour des détecteurs relativement petits travaillant à $10^{16}\,eV$ comme CODALEMA, cette approximation

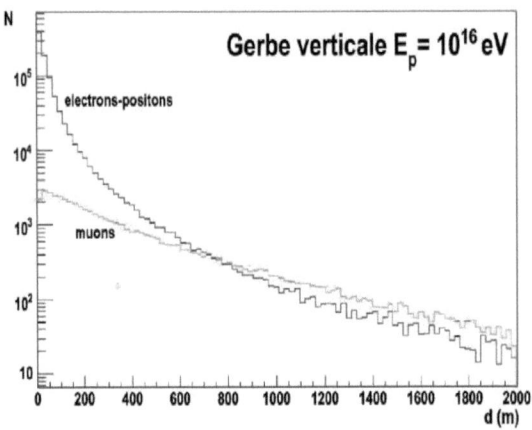

FIGURE 1.19 – Histogramme des distances à l'axe de la gerbe des électrons-positons (bleu) et des muons (vert), au niveau du sol et pour une gerbe verticale de 10^{16} eV simulée avec CORSIKA.

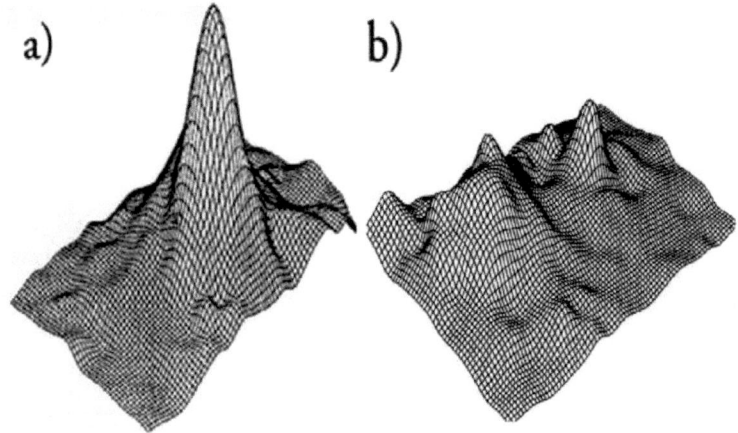

FIGURE 1.20 – Projection à 3 dimensions de la densité des particules chargées pour une gerbe (expérience du montagne de Norikura au Japan). (a) Cas d'une gerbe avec un seul coeur (fluctuation minimale) $N = 1,43.10^5$ particules, $s = 0,7$ et $\theta = 14,2°$. (b) Cas d'une gerbe avec plusieurs coeurs (fluctuation maximale) $N = 1,28.10^5$ particules, $s = 0,8$, $\theta = 15,5$. Figure tirée de [2].

est donc justifiée. 90% de l'énergie est contenue dans une distance r0 de l'axe de la gerbe, 99% à 3 r0. La formule précédente correspond à la composante électromagnétique de la gerbe. Des formules dérivées peuvent être utilisées pour représenter le comportement à grande distance de la gerbe, où la gerbe contient principalement des muons. On notera aussi que la distribution NKG est souvent ajustée afin de mieux correspondre aux résultats expérimentaux ou simulés considérés.

1.6 Émission radio de la gerbe atmosphérique

Comme nous l'avons vu, la gerbe contient un très grand nombre de particules chargées à l'origine du signal au sol, du signal de fluorescence mais également d'un signal radio. C'est ce signal que nous décrivons dans cette partie.

1.6.1 Les résultats historiques

Après la fin de la deuxième guerre mondiale, le physicien britannique Sir Bernard Lovell a initié la radiodétection des rayons cosmiques en utilisant un ancien équipement radar utilisé pendant la guerre. Cette expérience a été installée sur le site de Jodrell Bank fondant ainsi le célèbre observatoire astronomique [50]. Cet observatoire a constitué la base de plusieurs développements expérimentaux dans ce domaine. La découverte de la lumière Cerenkov émise dans le domaine du visible par le développement des gerbes atmosphériques par W. Galbraith et J. Jelley en 1953 a ouvert la voie à une nouvelle méthode de détection des gerbes autres que la détection par les détecteurs des particules [51]. Cette technique était entachée de plusieurs inconvénients car la détection de la lumière Cerenkov n'était pas possible que pendant les nuits sans lune et sans nuages. Aussi une suggestion pour augmenter ce cycle utile était de détecter le rayonnement Cerenkov dans le domaine radio. Sachant que l'énergie rayonnée sous forme d'émission Cerenkov par unité de longueur x et par unité de fréquence ω, le long du trajet d'une particule de vitesse v dans l'atmosphère d'indice de réfaction $n(\omega)$ (variant en fonction de la fréquence) est donnée par la formule de Frank-Tamm :

$$d^2 E \propto \omega \left(1 - \frac{1}{\beta^2 . n(\omega)^2}\right) dx\, d\omega \text{ où } \beta = \frac{v}{c}$$

On constate que l'énergie est proportionnelle au terme de fréquence $\omega.d\omega$, donc le passage de la bande visible $\sim 10^{14}\, Hz$ vers la bande radio $\sim 10^7\, Hz$, cause une réduction drastique de l'énergie rayonnée selon le mécanisme d'émission de type Cerenkov. Ainsi, les premières tentatives de Jelley pour mesurer des transitoires radios ont échoué. L'autre raison défavorable était le caractère incohérent du rayonnement radio puisque les électrons et les positrons qui sont crées par paires donnent des émissions Cerenkov qui s'opposent et donc s'annulent.

En 1962, les travaux de G. Askaryan ont remis en cause ces résultats théoriques. En effet, Askaryan a prédit une amplification de la contrepartie radio de la gerbe par deux effets : une émission radioélectrique cohérente et l'existence d'un excès de charge négative [53] :

– l'émission est cohérente lorsque la distance entre les particules rayonnantes est inférieure à la longueur d'onde des radiations émises. Pratiquement au cours du développement d'une gerbe, le front formé par des particules chargées possède une étendue longitudinale de quelques mètres et une dispersion latérale de quelques dizaines de mètres [54]. Ces ordres de grandeur imposent une limite supérieure de 100 MHz pour obtenir un régime d'émission cohérent. Le champ électrique total rayonné est proportionnel au nombre total de particules chargées e^+/e^-.

— L'excès de charge négative prend ses origines dans 3 effets :

(1)- les électrons dus à la diffusion Compton inverse (Compton recoil) éjectés vers la gerbe par les photons d'énergie inférieure à 20 MeV.

(2)- le mécanisme de création de δ-électrons (δ-rays) consistant à éjecter les électrons des orbitales atomiques externes sous l'influence de la cascade électromagnétique.

(3)- l'annihilation rapide de positron en vol. Finalement, cet excès ϵ d'électrons par rapport aux positrons est de l'ordre d'environ 10%.

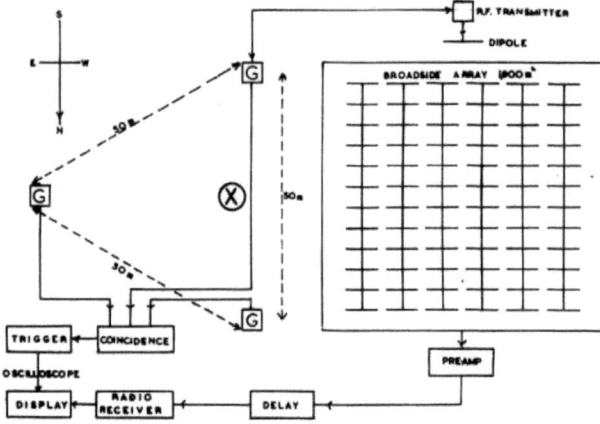

FIGURE 1.21 – Configuration de la première expérience de radiodétection installée par Jelley à l'observatoire de Jodrell Bank en 1965. On distingue deux réseaux : un réseau des 3 compteurs Geiger assurant le trigger pour le réseau d'antennes. Le traitement des données enregistrées s'effectue par un oscilloscope. Figure tirée de [55].

Sous ces hypothèses, une gerbe contenant N particules chargées (par exemple 10^8), possède un excès d'électrons $\epsilon.N$ avec $\epsilon \simeq 0,1$. L'intensité totale rayonnée dans la gamme de fréquence radio et dans un régime cohérent vaut :

$$I^{radio} = (\epsilon.N)^2 I^{par}$$

où I^{par} est l'intensité radio rayonnée par un électron. Par contre, dans le domaine optique et dans

1.6. ÉMISSION RADIO DE LA GERBE ATMOSPHÉRIQUE

un régime incohérent l'intensité totale du rayonnement Cerenkov vaut :

$$I^{visible} = N.I_0^{par}$$

où I_0^{par} est l'intensité optique rayonnée par une seule particule. Le rapport entre les deux intensités totales dans les deux domaines de fréquence et les deux régimes devient :

$$\frac{I^{visible}}{I^{radio}} = \frac{N.I_0^{par}}{(\epsilon.N)^2 I^{par}} = \frac{1}{\epsilon^2.N}\left(\frac{I_0^{par}}{I^{par}} \simeq 10^7\right) = 0,1$$

L'effet de l'excès de charge prédit par Askaryan permet d'obtenir un rayonnement radio du même ordre de grandeur que le rayonnement Cerenkov dans le domaine optique. La détection de la contrepartie radio d'une gerbe atmosphérique est donc théoriquement possible. Suite à ces travaux théoriques Jelley et ses collaborateurs installés à l'observatoire radioastronomique de Jodrell Bank, ont déployé une nouvelle expérience pour radiodétecter les gerbes comme illustré dans la figure 1.21 [55]. Cette expérience a été conçue pour mesurer des gerbes ayant une énergie $> 10^{16}\ eV$. Elle utilise un réseau de 3 compteurs Geiger mis en coïncidence avec un réseau de 72 antennes orientées selon la direction Est-Ouest, et accordées autour d'une fréquence de $44\ MHz$ dans une bande étroite de largeur $2,75\ MHz$. Cinq transitoires radios associés à des gerbes ont été clairement détectés ce qui a présenté la preuve pour la première fois de la faisabilité de la radiodétection des rayons cosmiques. La figure 1.22 montre un exemple des traces temporelles sur 6 antennes différentes. Après cette découverte, plusieurs autres expériences ont été déployées à travers le monde, on peut citer l'expérience **BASJE** au mont-Chacaltaya en Bolivie [56], l'expérience de Moscou en **URSS** [57] et l'expérience de Haverah Park au Royaume Uni [52]. Les résultats majeurs de l'époque ont été compilés par H. R. Allan dans sa revue de 1971 [52]. Ces résultats peuvent être divisés en 3 points principaux :

– **les mécanismes d'émission** : Les résultats expérimentaux favorisent un mécanisme d'émission d'origine géomagnétique $\vec{B}$ sous l'effet de force de Lorentz sur les particules chargées dans la gerbe. En effet, le champ électrique est orienté suivant la direction du produit vectoriel entre la direction de la gerbe $\vec{v}$ et la direction du champ $\vec{B}$ tel que $\vec{\epsilon_i} \parallel \vec{v} \wedge \vec{B}$ et son amplitude est proportionnelle au sinus de l'angle α tel que : $\epsilon_i \propto sin(\alpha) = ||\vec{v} \wedge \vec{B}||$ comme illustré dans la figure 1.23. Pour autant aucune preuve irréfutable ne résiste à l'analyse de l'époque. Il faut attendre le résultat de l'expérience CODALEMA [80] pour disposer d'une preuve expérimentale irréfutable du rôle du champ magnétique.

– **la cohérence d'émission et l'énergie de la particule primaire** : L'expérience BASJE a trouvé une amplitude du champ électrique à l'axe de la gerbe proportionnelle à la racine carrée de l'énergie de primaire c-à-d $\epsilon_0 \propto \sqrt{E_p}$. Par contre l'expérience de Moscou indique une dépendance linéaire $\epsilon_0 \propto E_p$. Face à de tels résultats contradictoires et tenant compte de la statistique faible, il est resté difficile pendant plus de 40 ans de conclure sur la relation entre ϵ_0 et E_p. Le chapitre 3 de cette thèse est entièrement consacré à cette étude en apportant une conclusion beaucoup plus probante.

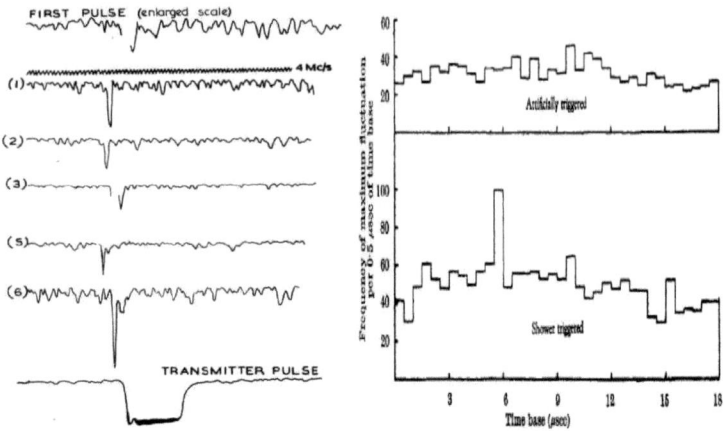

FIGURE 1.22 – Gauche : Traces temporelles des transitoires radios enregistrées avec un oscilloscope utilisé pendant l'expérience de Jelley. L'axe horizontal représente le temps et l'axe verticale représente l'amplitude du transitoire. Droite : Histogrammes des distributions des écarts de temps entre les pics des transitoires radio et les temps trigger de réseau de compteurs Geiger. Le bin situé à 6 μs dans le deuxième histogramme est associé à une gerbe atmosphérique. Figures tirées de [55].

– **le profil latéral du champ radio :** Le champ électrique crée ϵ_i décroit d'une manière exponentielle en fonction de la distance d_i entre l'antenne i et l'axe de la gerbe : $\epsilon_i \propto e^{-\frac{d_i}{d_0}}$ dans l'intervalle $30 - 300\,m$. Pour des gerbes verticales $\theta < 35°$, d_0 est estimé : $d_0(f = 55\,MHz) = 100 \pm 10\,m$ et $d_0(f = 32\,MHz) = 140\,m$. La valeur du champ électrique ϵ_i diminue avec l'augmentation de l'angle zénithal θ ce qui suggère une dépendance de forme $\epsilon_i \propto cos(\theta)$. Le champ électrique sur l'axe de la gerbe ϵ_0 est indépendant de la fréquence puisque dans la bande $32-55\,MHz$, le spectre de puissance en fréquence du champ électrique semble plat. Allan a résumé ces différents résultats dans une seule formule appelée "la formule d'Allan" :

$$\epsilon_i(f) = 20. \left(\frac{E_p}{10^{17}\,eV}\right).sin(\alpha).cos(\theta).e^{-\frac{d_i}{d_0(f,\theta)}} \; en\, \mu V.m^{-1}.MHz^{-1}$$

Notons que cette formule est valable uniquement pour des gerbes ayant une énergie du primaire de l'ordre de $10^{17}\,eV$, des angles zénithaux faibles $\theta < 35°$ et une distance par rapport à l'axe $< 300\,m$

Compte tenu de ces résultats expérimentaux, la radiodétection a été abandonnée vers la fin des années 70 au profit d'autres techniques éprouvées comme les télescopes de fluorescence et les détecteurs des particules au sol. Parmi les raisons supplémentaires à cette migration, on peut citer les difficultés d'interprétation, les limitations imposées par la technologie à cette époque notamment

1.6. ÉMISSION RADIO DE LA GERBE ATMOSPHÉRIQUE

relatif à la mesure de transitoires rapides $O(100)\,ns$) et aussi le succès des autres techniques de détection.

Depuis une décennie et avec les progrès récents en électronique numérique et carte d'acquisition rapide (fréquence d'échantillonnage de l'ordre de GHz), cette méthode est de nouveau exploitée par les deux expériences CODALEMA en France et LOPES en Allemagne [58]. Suite aux résultats publiés, plusieurs autres expériences ont choisi de tester cette méthode. L'expérience AERA en Argentine est considérée comme l'expérience la plus importante actuellement en fonctionnement.

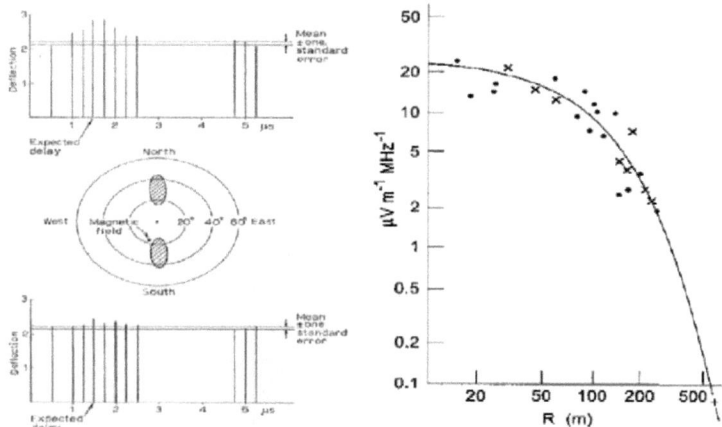

FIGURE 1.23 – Gauche : Le champ moyen mesuré pour les évènements venant du Nord (en haut), perpendiculairement au champ magnétique est plus fort que celui venant du Sud (en bas) dans la direction du champ magnétique. On notera la statistique très faible fondant la conclusion du rôle prédominant du champ géomagnétique. Droite : Ajustement exponentiel des profils latéraux de plusieurs évènements. Cette compilation est effectuée avec une normalisation en énergie et en direction d'arrivée par rapport au champ géomagnétique. Figures tirées de [52].

1.6.2 Les expériences contemporaines en MHz

LOPES : (**LOFAR P**rototyp**E S**tation) est un interféromètre radio numérique s'appuyant sur la technologie de LOFAR, situé à l'Institut de Technologie de Karlsruhe, en Allemagne déployé dans le même site de l'expérience de détection des rayons cosmiques Kascade-Grande [59]. LOPES utilise une technique d'interférométrie radio appelée Beamforming pour reconstruire les différentes propriétés de la gerbe atmosphérique [58].

LOFAR : (**LO**w **F**requency **AR**ray) est un interféromètre radio fonctionnant dans la gamme de fréquence $10-240\,MHz$ conçu pour la radioastronomie [60]. L'expérience LOFAR est constituée par plusieurs réseaux situés au Pays-Bas et plusieurs autres pays européens comme à Nançay en

France. Les mesures sont analysées avec une technique de Beamforming. Les derniers résultats concernant la radiodétection sont présentés dans la conférence ARENA 2012 [61].

AERA : (Auger Engineering Radio Array) est un réseau d'antennes auto-déclenchées de nouvelle génération. Elle est actuellement en installation à l'Observatoire Pierre Auger en Argentine comme l'illustre la figure 1.24. Cette expérience s'appuie sur une détection super-hybride des gerbes atmosphériques avec la détection des particules au sol, les télescopes de fluorescence atmosphérique des gerbes et les détecteurs de muons [62]. Le but est l'étude des performances de la technique de détection radio en mode autonome. L'expérience utilise les antennes papillons de CODALEMA III.

TREND : (TIANSHAN Radio Experiment for Neutrino Detection) est déployée sur le site de l'observatoire radioastronomique 21-CMA dans les montagnes de la région de Xinjiang en Chine (voir figure 1.24). Le réseau de 80 antennes est situé à une altitude de $2650\,m$. Malgré son nom, cette expérience étudie les rayons cosmiques d'énergie $10^{17}\,eV$. Cependant, l'objectif principal est la détection des gerbes horizontales induites par la désintégration d'un neutrino tau ν_τ dans les montagnes proches [63]. Notons que l'environnement de TIANSHAN est calme du point de vue radio ce qui constitue un lieu idéal pour tester cette technique. L'expérience utilise la technologie de CODALEMA III.

CODALEMA : est décrite en détails dans le chapitre 2.

FIGURE 1.24 – À gauche : Vue de l'expérience TREND installée au sein de l'observatoire 21CMA situé à XinJiang en Chine. Figure tirée de [135]. À droite : Configuration géométrique de l'expérience AERA couvrant une surface de $20\,km^2$ sur le site de l'observatoire Pierre Auger en Argentine. Les carrés rouges représentent les antennes et les carrés jaunes représentent les cuves Cerenkov [134].

1.6.3 Modèles d'émission et de simulation

Il faut distinguer entre les mécanismes d'émission radio et les approches de calcul de cette émission. Les mécanismes les plus importants sont :

L'émission par un courant transverse : Le courant transverse à l'axe de la gerbe est créé par la déviation systématique des électrons et positrons dans le champ magnétique terrestre. Le calcul du champ électrique relatif à ce mécanisme nécessite la connaissance de la vitesse de dérive de ces particules chargées.

L'émission par excès de charges négatives : Comme nous l'avons mentionné plus haut dans les résultats historiques, le développement de la gerbe dans l'atmosphère crée un excès de charges négatives de l'ordre de 20% à 30% en matière de rapport suivant $\frac{(N_{e^-} - N_{e^+})}{(N_{e^-} + N_{e^+})}$. Ce mécanisme amène une contribution plus faible que le premier mais il devient prépondérant dans certaines configurations de détection.

L'émission par un dipôle : Le champ géomagnétique agit sur la distribution des particules chargées provoquant une séparation spatiale entre les électrons et les positrons. Cette séparation crée alors un dipôle se déplaçant à la vitesse de la lumière vers le sol. La contribution de ce mécanisme au champ total est relativement faible par rapport aux deux mécanismes précédents.

La littérature propose plusieurs approches de modélisation du champ électrique initié par la gerbe. Elles sont regroupées en deux catégories selon leur traitement de la gerbe, microscopique, ou macroscopique. Dans l'approche microscopique, les particules individuelles (électrons et positrons) sont suivies au fur et à mesure de leur création et la contribution associée à l'émission radio de chacune d'elles est calculée. Cette approche essaye de prendre en compte toutes les interactions possibles mais comme le nombre de particules est grand, l'exécution prend beaucoup de ressources informatiques. Dans l'approche macroscopique, des grandeurs physiques moyennées comme le courant transverse et la charge électrique totale sont exploitées pour décrire la physique de l'émission radio. Notons que ces approches sont basées sur les mêmes mécanismes d'émission et qu'elles commencent à converger vers les mêmes résultats depuis la conférence ARENA 2012. Ces efforts théoriques ont constitué l'objet d'un workshop à l'Université d'Ohio pendant le printemps 2012, qui a regroupé tous les théoriciens travaillant sur la modélisation afin de comparer les modèles existants en détails. Quelques résultats recueillis sont donnés dans les figures 1.26 et 1.27.

l'approche microscopique : Il existe déjà plusieurs modèles microscopiques qui ont un point commun qui est l'absence d'hypothèse sur les mécanismes d'émission. La radiation électromagnétique est calculée avec l'électrodynamique classique et directement liée au mouvement des particules individuelles et particulièrement de leur accélération en partant du fait que toute particule chargée subissant une accélération rayonne de l'énergie. Dans ce qui suit, nous donnons une liste des modèles utilisés et maintenus par leurs développeurs en sachant qu'ils prennent en compte la variation de l'indice de l'air en fonction de l'altitude de la gerbe.

- REAS3 (est la version améliorée de REAS et REAS2 développés par T. Huege au sein de

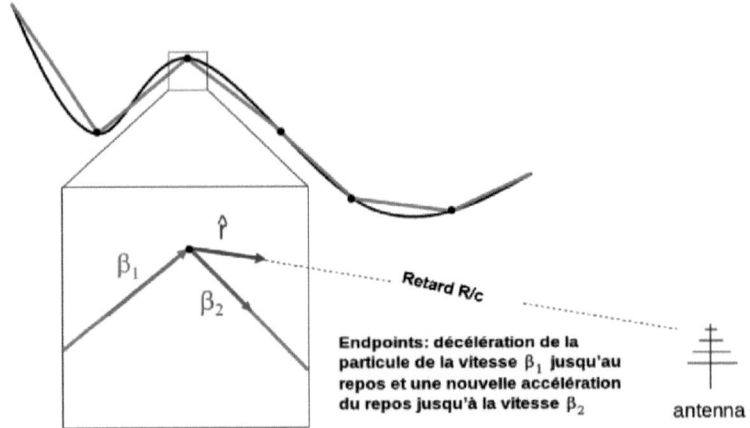

FIGURE 1.25 – Schéma expliquant le formalisme des points extrêmes (the endpoint formalism) utilisé dans le code de simulation REAS3. Figure adaptée de [65].

l'expérience LOPES) : Le calcul s'effectue dans le domaine temporel et s'appuie sur le rayonnement issue des points extrêmes de la trajectoire de chaque particule (the endpoint formalism) [65]. Ce formalisme repose sur le fait que toute trajectoire d'une particule chargée accélérée peut être décomposée en série d'intervalles discrets : des points d'accélération reliés par des segments. L'erreur introduite par cette procédure peut être minimisée en choisissant des segments plus petits (une décomposition plus fine). En outre, les points d'accélération où le vecteur vitesse des particules chargées change, sont décomposés à nouveau en deux extrémités, l'une correspondant à l'accélération instantanée de la particule à partir de sa vitesse de repos et la seconde correspondant à l'accélération instantanée de la particule du repos à la nouvelle vitesse comme illustré dans la figure 1.25. Le code utilise les fichiers de sortie des simulations CORSIKA pour générer le champ électrique avec la formule suivante :

$$\vec{E}_\pm(\vec{r},t) = \pm \frac{1}{\Delta t} \frac{q}{c} \left(\frac{\vec{r} \wedge (\vec{r} \wedge \vec{\beta})}{R(1 - \vec{\beta}.\vec{n})} \right)$$

où + pour la décélération de $\vec{\beta}$ jusqu'au repos (point d'arrêt) et − pour l'accélération du repos jusqu'à $\vec{\beta}$ (point de départ). Ce modèle utilise des histogrammes des distributions des particules chargées obtenues à l'issue des simulations CORSIKA [161].

— SELFAS2 : Le calcul s'effectue aussi dans le domaine temporel [66]. Le modèle considère l'émission radio de chaque électron et positron de la gerbe sans supposer de modèle d'émission particulier. Le calcul montre que le champ total se réduit à une superposition de plusieurs contributions : une contribution statique, une contribution liée à la variation temporelle de

1.6. ÉMISSION RADIO DE LA GERBE ATMOSPHÉRIQUE

charge électrique et une contribution liée à la variation du courant transverse.

$$\vec{E}(\vec{r},t) = \frac{1}{4\pi\epsilon_0}\left\{\left[\frac{\vec{n}.q(t_{ret})}{R^2(1-\vec{\beta}.\vec{n})}\right]_{ret} + \frac{1}{c}\cdot\frac{\partial}{\partial t}\left[\frac{\vec{n}.q(t_{ret})}{R(1-\vec{\beta}.\vec{n})}\right]_{ret} - \frac{1}{c^2}\cdot\frac{\partial}{\partial t}\left[\frac{\vec{v}.q(t_{ret})}{R(1-\vec{\beta}.\vec{n})}\right]_{ret}\right\}$$

avec $t = t_{ret} + \frac{|\vec{r}-\vec{r_0}(t_{ret})|}{c}$, $\vec{\beta}$ est le vecteur vitesse de la particule et R la distance particule-observateur. Le champ électrique total s'obtient en sommant toutes les contributions individuelles.

- CoREAS : C'est un code de simulation Monte Carlo pour le calcul de l'émission radio dans le domaine temporel. Il est basé sur le formalisme des points extrêmes comme REAS3 mais implémenté directement dans le code CORSIKA en sommant les contributions de chaque paticule. Par conséquent, toute la complexité de la physique de la gerbe atmosphérique est prise en compte sans nécessité d'utilisation des approximations ou des hypothèses sur les mécanismes d'émission [162].
- ZHAires : est un modèle qui se base sur le code de simulation des gerbes AIRES. Il permet le calcul du champ électrique à la fois dans les domaines temporel et fréquentiel. Le code ne suppose aucun mécanisme d'émission mais les résultats trouvés montrent que l'émission radio est une superposition de deux effets : un effet géomagnétique et un effet d'excès de charges négatives. Les effets de l'indice de réfraction de l'air sont introduits dans ce code [163].

Les figures 1.26 et 1.27 montrent respectivement un exemple des simulations utilisant SELFAS2 et REAS3 des transitoires radio dans le domaine temporel et fréquentiel.

Les approches macroscopiques : Contrairement aux modèles précédents, ces modèles calculent l'émission radio à partir des grandeurs physiques moyennées décrivant la galette des particules chargées, comme le courant transverse, la charge électrique totale et le moment dipolaire. En effet, sous certaines conditions d'observation on peut négliger certaines dimensions de la galette des particules. Ainsi, la gerbe est assimilée à une seule charge en mouvement. Le modèle de la gerbe utilisé se base sur des paramètres comme la vitesse de dérive des particules chargées et l'épaisseur de la galette des particules.

Les figures 1.26 et 1.27 montrent respectivement un exemple d'une simulation d'un transitoire radio dans le domaine temporel et fréquentiel.

- MGMR : Ce modèle a été développé par K. Werner et O. Scholten [64], calcule l'émission radio en se basant sur les variations temporelles du courant transverse et la charge électrique totale. Pour ce faire, le modèle se base sur une modélisation simplificatrice de la gerbe. Les particules chargées sont concentrées dans un petit nuage de plasma (la galette des particules) qui se déplace presque à la vitesse de la lumière. Sous l'effet du champ géomagnétique, un courant macroscopique est induit par la force de Lorentz. Les vitesses de dérive des électrons et des positrons induites perpendiculairement à l'axe de la gerbe, ont deux directions opposées. L'excès de charge ainsi que le courant transverse sont combinés dans un seul quadri-vecteur courant $J^\mu(t,\vec{r},h)$ qui est proportionnel au nombre de particules chargées dans la galette. Et comme le nombre de particules chargées varie en fonction du temps, J^μ varie aussi donnant ainsi une émission radio. Finalement, le modèle MGMR utilise les potentiels retardés de Linénard-Weichert de l'électrodynamique classique qui s'expriment de la manière suivante :

$$A^\mu(t,\vec{r}) = \frac{\mu_0}{4\pi} \int d^3\vec{r}\,' \frac{J^\mu(t',\vec{r}\,',h)}{|D|}\bigg|_{t=t'}$$

où h est la distance longitudinale le long de l'axe par rapport au front de la gerbe et l'intégrale de volume est appliquée sur la galette des particules. Des simplifications sont apportées à cette intégrale par exemple en négligeant l'épaisseur de la galette par rapport à ces autres dimensions.

– EVA : Ce modèle est développé par les mêmes physiciens qui ont développé le modèle MGMR. Le calcul du champ électrique se réalise alors de la même façon mais la paramétrisation de la gerbe passe par des simulations CONEX. Pour cela, il n'est pas nécessaire d'utiliser des paramètres libres.

– Le modèle de N. Meyer-Vernet, A. Lecacheux et al. [164] : Il s'agit d'un modèle semi-analytique qui calcule le champ coulombien boosté, la radiation Cerenkov et le spectre en fréquence associé en utilisant un modèle simplifié de la gerbe. Ce calcul prend en compte l'effet de variation de l'indice de l'air sur le champ coulombien boosté par le mouvement relativiste de la galette de particules. Il a été conclu qu'un tel champ peut atteindre des amplitudes similaires à ce qui est prédit par les autres approches (REAS2 et MGMR). Il a été montré aussi que la contribution Cerenkov produite par les particules d'énergies les plus élevées ($> 30\ MeV$), au champ total n'est pas négligeable devant le champ coulombien boosté produit par la moitié inférieure de la distribution en énergies des particules chargées ($< 30\ MeV$). En effet, pour un observateur au repos, le champ coulombien est radial par rapport à l'axe de la gerbe, mais le facteur de Lorentz comprime les lignes de champ, de sorte que dans les directions normales à l'axe, le champ est plus grand que le champ coulombien isotrope par le facteur γ de Lorentz, ce qui produit un transitoire de champ électrique de durée temporelle de $\tau = \frac{d}{\gamma c}$ et d'amplitude maximale égale à :

$$E_{max} = \gamma \frac{q}{4\pi\epsilon_0 d^2}$$

où d est la distance entre l'observateur et la gerbe.

Pour fixer les ordres de grandeur, on sait qu'au maximum de développement de la gerbe, le taux de production est une particule chargée par GeV d'énergie du primaire. Donc pour une énergie $E_p = 10^{17}\ eV$, il existe 10^8 particules chargées avec une énergie médiane de 30 MeV ($\gamma = 60$) ce qui donne un transitoire avec une amplitude maximale de $10^{-4}\ V.m^{-1}$ et d'une durée de 10 ns à 100 m de distance. Cette amplitude est comparable aux amplitudes détectées dans les expériences de radiodétection c'est pour cela, que cette contribution ne peut pas être négligeable.

Prédictions des approches sur l'émission radio et caractéristiques du signal attendu :

1.6. ÉMISSION RADIO DE LA GERBE ATMOSPHÉRIQUE

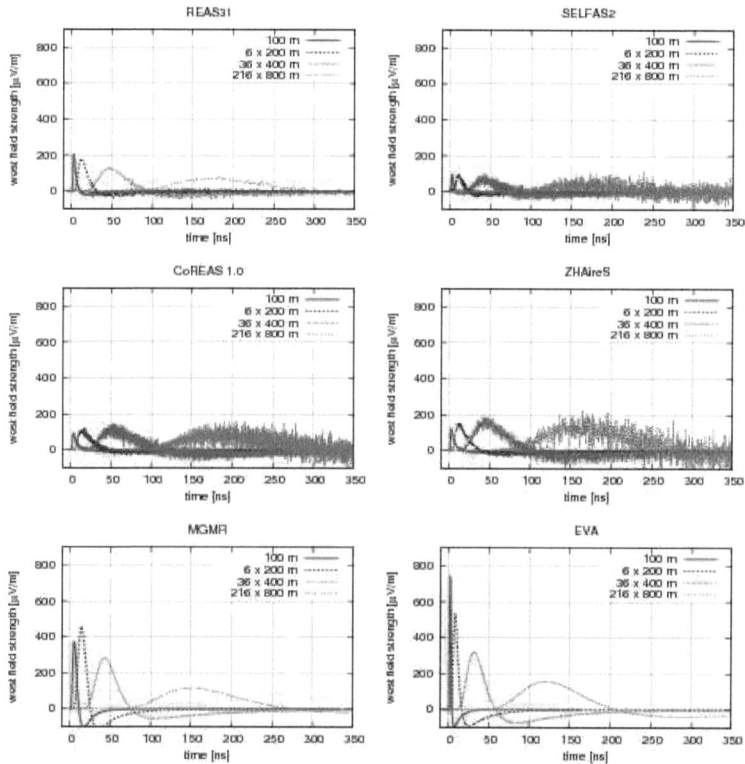

FIGURE 1.26 – Composantes Est-Ouest des champs électriques simulés par différents modèles pour des gerbes initiées par des protons à $E_p = 10^{17}\ eV$ et pour différentes distances à l'axe au site d'Auger. L'indice de l'air est pris égal à 1. Figure tirée de [67].

Les travaux théoriques cités ci-dessus apparu après les premières détections radio, ont permis de mieux comprendre les caractéristiques du signal radio observées :
- Le transitoire radio est un signal bipolaire de brève durée dans le temps avec des variations extrêmement rapides, entre une dizaine de ns et 1 μs. Cette durée varie en fonction du paramètre d'impact (distance antenne-gerbe), elle augmente lorsqu'on s'éloigne de la gerbe. Le spectre de fréquence s'étale entre 1 MHz et 100 MHz (au-delà de cette fréquence l'émission perd sa cohérence) avec un repliement vers les basses fréquences dans le cas où le paramètre d'impact augmente. Cette propriété implique l'utilisation d'une électronique rapide avec une fréquence d'échantillonage supérieure à 100 MHz et des antennes large bande.
- L'amplitude du transitoire radio dépend de l'énergie du primaire par une relation linéaire

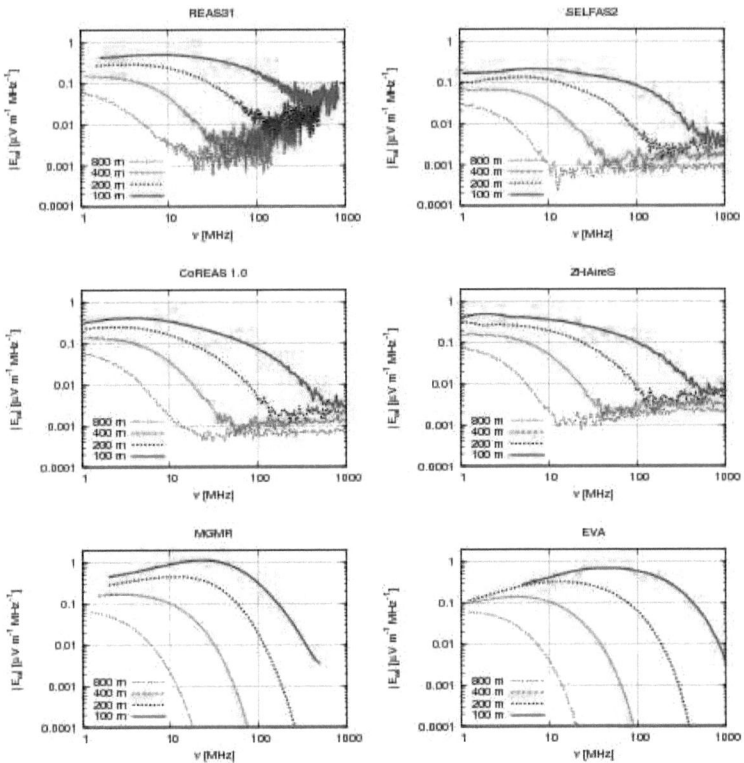

FIGURE 1.27 – Spectres en fréquences des champs électriques simulés par différents modèles pour des gerbes initiées par des protons à $E_p = 10^{17}\,eV$ et pour différentes distances à l'axe au site d'Auger. L'indice de l'air est pris égal à 1. On note que les effets d'incohérence apparaissent à haute fréquence et vers les grandes distances. Figure tirée de [67].

par exemple on attend une amplitude de 4 $\mu V/m/MHz$ à $E_p = 10^{17}\ eV$ (voir le chapitre 3 pour une étude détaillée en terme d'étalonnage en énergie). Cette amplitude dépend exponentiellement aussi du paramètre d'impact, plus on s'éloigne de la gerbe, plus l'amplitude sera faible. Cette propriété implique l'utilisation d'une électronique sensible dotée d'amplificateurs à faible bruit (Low Noise Amplifier LNA) comme nous allons le voir dans le chapitre suivant et de minimiser le bruit radio ambiant.

— La forme d'onde des transitoires est l'image du développement de la gerbe dans l'atmosphère et suggère que chaque instant du transitoire correspond essentiellement à une région bien déterminée de la gerbe. Sous cette hypothèse, le maximum du transitoire correspond au

1.6. ÉMISSION RADIO DE LA GERBE ATMOSPHÉRIQUE

maximum de développement de la gerbe.
- Le transitoire a une polarisation mélangée : une polarisation radiale liée au mécanisme d'émission par séparation des charges électriques sous l'effet du champ géomagnétique (voir la figure 1.28) et une polarisation linéaire liée au mécanisme d'excès de charge négative (voir la figure 1.29).

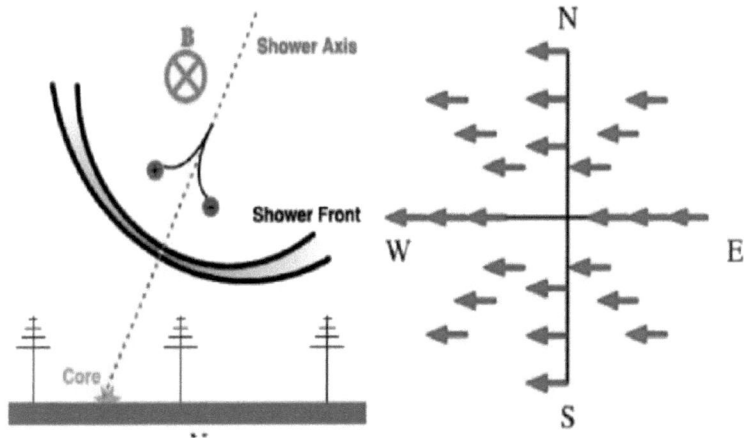

FIGURE 1.28 – À gauche, un schéma simplifié d'une gerbe représente le mécanisme de séparation des particules chargées sous l'effet du champ géomagnétique. À droite, la polarisation du champ électrique au sol pour ce mécanisme dans le cadre d'une gerbe verticale et un champ géomagnétique orienté suivant l'axe nord-sud. Dans ce cadre, la polarisation ne dépend pas de la position de l'observateur par rapport à l'axe de l'antenne. Figures tirées de [95].

1.6.4 Les résultats actuels

Profil latéral de la gerbe radio

Le profil latéral radio ou LDF (Lateral Distribution Function) décrit la distribution des amplitudes du champ électrique en fonction de la distance par rapport à l'axe de la gerbe. Une première modélisation avec une exponentielle décroissante a été proposée par Allan. Désormais, la plupart des gerbes détectées est décrite par un profil exponentiel (voir les figures 1.30). Cependant, une fraction non-négligeable des événements (de l'ordre de 20 %) présentent des profils plats pour les antennes les plus proches de l'axe de la gerbe, particulièrement pour les gerbes inclinées. Cet aplatissement des profils a été interprété comme un effet de la variation de l'indice de l'air pendant les différents stades de développement de la gerbe dans l'atmosphère. La figure 1.31 montre un exemple d'un événement détecté par 5 stations LOFAR contenant plus de 200 antennes, l'aplanissement est bien

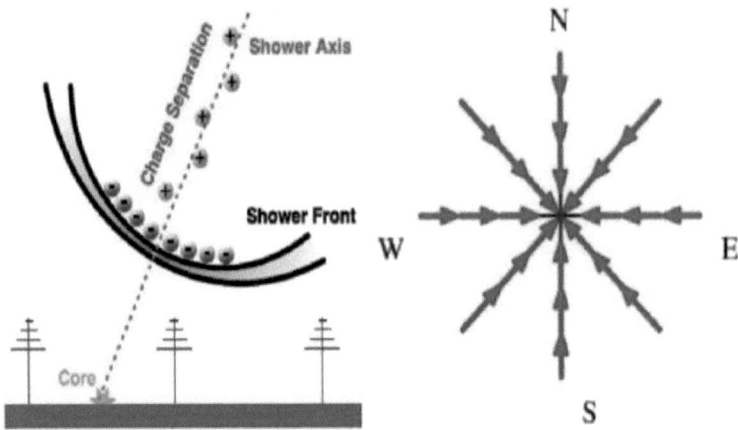

FIGURE 1.29 – À gauche, un schéma simplifié d'une gerbe représentant le mécanisme d'émission par excès de charge négative. À droite, la polarisation du champ électrique au sol pour ce mécanisme dans le cas d'une gerbe verticale et un champ géomagnétique orienté suivant l'axe nord-sud. La polarisation varie avec la position de l'observateur par rapport à l'axe de l'antenne. Figures tirées de [95].

marqué au niveau des antennes situées à moins de 100 m de l'axe de la gerbe. Cet effet a été reproduit dans les modèles de simulation comme (REAS3, SELFAS2 et MGMR) en tenant compte de l'effet de l'indice de l'air. Il est important de remarquer qu'à ce niveau de développement de la technique de radiodétection, bien que la modélisation du profil par une exponentielle décroissante unidimensionnelle ne permet pas de décrire toute la physique de la gerbe radio un nombre significatif de caractéristiques de l'émission sont déjà obtenues. Pour cela, des LDF plus compliquées à 2 dimensions pourraient être utilisées dans des analyses plus fines.

Les résultats expérimentaux sur les mécanismes d'émission

Dès les années 60, les expériences pionnières ont suggéré la dominance de la contribution géomagnétique au champ électrique total. Cette dominance a été confirmée par les expériences actuellement déployées comme CODALEMA [82], puis LOPES [117], RAuger et AERA. Il est possible aussi de chercher un mécanisme secondaire lié à l'excès de charge négative et caractérisé par une polarisation radiale au sol. Actuellement, deux méthodes ont été mises en oeuvres pour mettre en évidence cette contribution :
 – Par le déplacement du pied de gerbe radio par rapport au pied de gerbe de particules. En effet, l'expérience CODALEMA a mis en évidence l'existence d'un décalage spatial entre les deux pieds de la gerbe. En effet, le pied de gerbe radio estimé avec l'ajustement du profil latéral

1.6. ÉMISSION RADIO DE LA GERBE ATMOSPHÉRIQUE

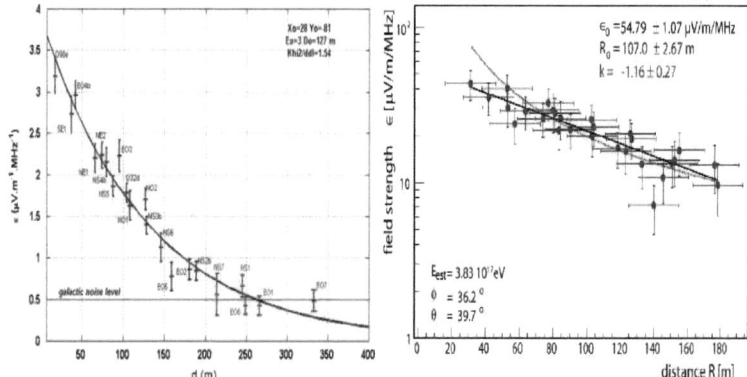

FIGURE 1.30 – À gauche, un profil latéral radio d'un événement observé par CODALEMA. Les points bleus représentent les antennes touchées et les rouges représentent les antennes non-retenues pour l'analyse (voir chapitre 3 pour une définition d'une antenne touchée). La courbe bleue représente le résultat de l'ajustement par une exponentielle. Figure tirée de [84]. À droite, un profil latéral radio d'un événement détecté par LOPES. Figure tirée de [117].

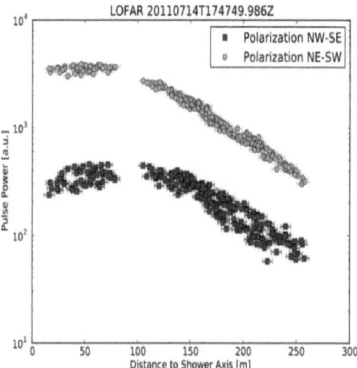

FIGURE 1.31 – Le profil latéral radio d'une gerbe détectée dans le cadre de l'expérience LORA/LOFAR. Cette expérience a l'avantage de discrétiser le champ électrique avec plus de 200 antennes. L'aplatissement du profil a été interprété comme un effet de la variation de l'indice de l'air qui donne amènerait une contribution Cerenkov supplémentaire (de moins de 100 m) de l'axe de la gerbe. Figure tirée de [61].

radio ($\epsilon(d) = \epsilon_0.exp(-d/d_0)$) se décale systématiquement vers l'est par rapport au pied de gerbe de particules estimé cette fois avec un formalisme NKG (Nishimura-Kamata-Greisn) (voir le chapitre 3 pour les formules). Ce décalage est interprété comme la superposition des composantes géomagnétique et d'excès de charge négative. Par exemple pour une gerbe verticale, un observateur situé à l'est de la gerbe se trouve devant une superposition constructive de deux composantes (champ total maximum) contrairement à un autre observateur situé à l'ouest de la gerbe (champ total minimum). Ce résultat a été initialement observé dans les données du réseau d'antennes décamétrique (DAM) et présenté à la conférence ICRC 2009 [166]. Afin de comprendre l'influence de l'excès de charge, une comparaison entre les données de CODALEMA II et le modèle SELFAS2 (sans et avec excès de charge) a été réalisée [167]. La figure 1.34 montre une comparaison entre les données de CODALEMA II et des simulations SELFAS2 tenant compte de l'excès de charge.

- Par étude de polarisation du champ électrique au sol : L'angle de la polarisation du champ électrique est estimé par la mesure de ses composantes est-ouest et nord-sud au sol.

$$\phi_p = tan^{-1}(\frac{E_{NS}}{E_{EO}}) = \frac{1}{2}tan^{-1}(\frac{U}{Q})$$

où U et Q sont les paramètres de Stockes. L'idée est de comparer, pour chaque événement, l'angle de polarisation mesuré par chaque antenne avec l'angle prédit pour chaque antenne par les simulations. La figure 1.33 montre le résultat obtenu avec les données d'AERA, en supposant que le champ électrique est produit par le mécanisme géomagnétique seul.

Ces deux observations expérimentales montrent que l'émission radio ne peut pas être expliquée par un mécanisme géomagnétique pur. Il est nécessaire alors de prendre en compte l'effet de l'excès de charge négative. Le chapitre 3 de cette thèse, qui constitue l'un des points centraux de ce travail, démontre par une troisième méthode l'existence d'un mécanisme secondaire lié directement au nombre de charges électriques.

Énergie de la particule primaire

L'énergie de la particule primaire E_p est une observable importante liée à toutes les autres grandeurs de la gerbe. Une technique de radiodétection crédible doit démontrer sa capacité à fournir une mesure E_p indépendamment de toute autre méthode de détection. La valeur du champ électrique ϵ_0 extrapolée sur l'axe de la gerbe peut être considérée comme un estimateur de l'énergie du primaire. La quantification de la corrélation entre ϵ_0 et E_p permet de confirmer cette propriété. Une étude préliminaire, réalisée dans la collaboration CODALEMA a été présentée pendant la conférence ARENA 2010 [84]. Seules les erreurs statistiques sur ϵ_0 sont estimées et elle sont de l'ordre de 10 %. Les erreurs sur la mesure E_p est de l'ordre de 30 %. La figure 1.34 montre les résultats d'un ajustement linéaire du couple (E_p, ϵ_0) et après correction de ϵ_0 par le facteur d'effet géomagnétique :

$$|\vec{v} \wedge \vec{B}|_{EO} = |sin(\theta).cos(\phi).cos(\theta_b) + cos(\theta).sin(\theta_b)|$$

1.6. ÉMISSION RADIO DE LA GERBE ATMOSPHÉRIQUE

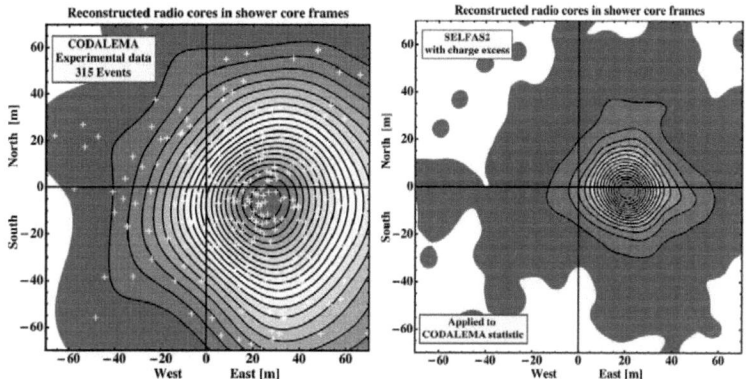

FIGURE 1.32 – À gauche, la figure montre les positions des pieds des gerbes radio pour 315 événements détectés par CODALEMA. L'origine du repère $(0,0)$ est translatée par rapport aux pieds des gerbes de particules événement par événement. Les lignes rouges représentent les niveaux de contours d'une interpolation gaussienne de $10\ m$. On observe bien le décalage de la distribution de pieds radio vers l'est. À droite, La même étude mais faite cette fois avec des simulations SELFAS2 en s'appyuant sur les mêmes caractéristiques des événements de l'échantillon. Figures tirées de [123].

où $B = 47\mu T$ et θ_b est l'angle que fait le champ géomagnétique avec la verticale dans le plan vertical nord-sud.

Le chapitre 3 présente une étude plus détaillée de cette corrélation, où nous montrerons de nouveaux résultats liés à la résolution en énergie d'un réseau d'antennes et aux mécanismes d'émission.

Nature de la particule primaire

La détermination de la composition chimique de la particule primaire, événement par événement, est aussi l'un des défis que la radiodétection doit relever. Des études basées sur des simulations ont montré que le signal radio devait être corrélé à la nature du primaire. Selon ces simulations il serait possible d'estimer le maximum de développement de la gerbe X_{max} avec 3 types d'informations :

- L'information contenue dans la distribution des amplitudes du signal radio : La méthode utilise la corrélation existante entre la distance caractéristique de décroissance du profil latéral et la composition chimique du primaire. L'expérience LOPES a estimé l'incertitude sur la détermination de X_{max} de l'ordre de $150\ g.cm^{-2}$. Cette grande valeur est dominée par l'environnement bruité à la ville de Karlsruhe mais on pourrait s'attendre à partir des simulations

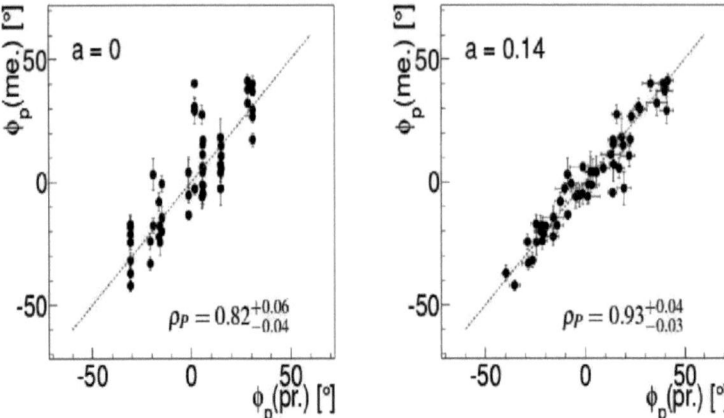

FIGURE 1.33 – Comparaison entre les angles de polarisation mesurés par l'expérience AERA et les angles théoriques calculés pour un mécanisme géomagnétique pur (à gauche) et une superposition entre ce mécanisme et un mécanisme d'excès de charge. La dernière contribution est ajoutée avec un champ électrique radial d'amplitude de l'ordre de 14% avec $a = \frac{|E_r|}{\frac{|B_g|}{\sin(\alpha)}}$ et α est l'angle entre l'axe de la gerbe et le champ géomagnétique. Le degré d'adéquation est quantifié par le coefficient de corrélation de Pearson. Figure tirée de [168].

une résolution meilleure d'environ 30 $g.cm^{-2}$ dans des sites loins des émetteurs anthropiques.
- L'information contenue dans la distribution des temps d'arrivée du front de gerbe radio : Cette méthode se base sur la chronologie des signaux radios reçus par un champ d'antennes. Cette approche nécessite la modélisation du front de la gerbe radio par une forme géométrique : une sphère ou un cône. L'analyse dans l'hypothèse d'une onde sphérique fait l'objet du chapitre 4 qui est central à ce travail de thèse. L'encart gauche de la figure 1.36 montre le modèle conique utilisé dans le cadre de l'expérience LOPES [139]. La résolution sur l'estimation du maximum de la gerbe est l'ordre de 200 $g.cm^{-2}$ (voir la figure 1.36).
- L'information contenue dans le spectre en fréquence : Cette méthode se fonde sur la dépendance de l'indice spectral de la pente du spectre en fréquence, dans l'intervalle [40, 60] MHz et la nature du primaire (voir la figure 1.35). Des simulations MGMR ont montré que cette dépendance est de l'ordre de 10 %. Cette méthode a été adoptée par les groupes hollandais impliqués dans la collaboration AERA et récemment publiée dans la thèse du S. Grebe [169].

Récemment, l'expérience LOPES a observé une corrélation entre le signal radio et la valeur moyenne de la pseudorapidité des muons contenus dans la gerbe avec une significance statistique de l'ordre 3,7 σ sur l'ensemble de 59 événements utilisés (voir la figure 1.37). Cette méthode se base sur la mesure de muons secondaires par le détecteur de muons de l'expérience KASCADE-Grande [172].

1.6. ÉMISSION RADIO DE LA GERBE ATMOSPHÉRIQUE

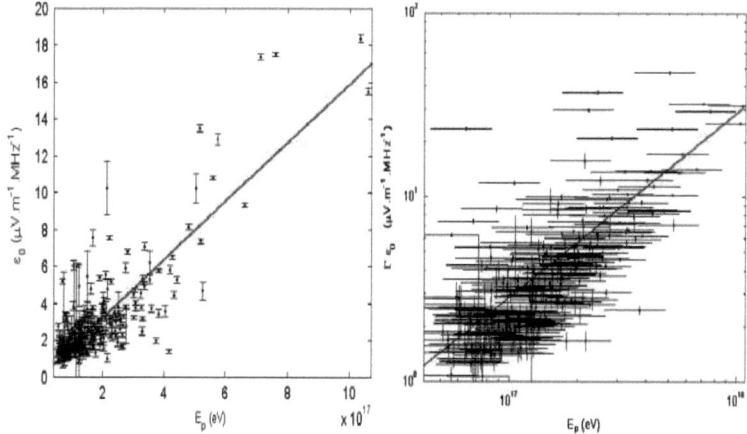

FIGURE 1.34 – À gauche, la distribution des points montre l'étude de la corrélation (E_p, ϵ_0) pour les événements détectés dans le cadre de l'expérience **CODALEMA II**. La ligne rouge représente les résultats d'une régression linéaire entre ces deux variables. À droite, la figure représente la même étude mais avec des valeurs de champ électrique corrigé par l'effet de champ géomagnétique. Figure tirée de [84].

La pseudorapidité permet de décrire l'angle de la trajectoire des muons par rapport à l'axe de la gerbe. Cette grandeur est définie par la formule suivante :

$$\eta = -ln(\sqrt{(\frac{\tau^2 + \rho^2}{2})})$$

où ρ caractérise l'angle radial d'un muon secondaire et τ est l'angle tangentiel. Ces résultats expérimentaux semblent indiquer que le signal radio est sensible au développement longitudinal de la gerbe.

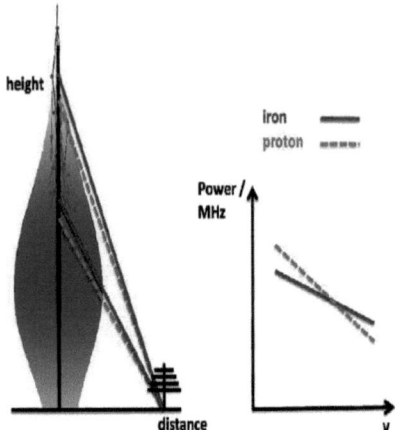

FIGURE 1.35 – Principe de l'exploitation du spectre de fréquence pour l'identification des particules, est donné par le schéma des trajets différents de deux signaux radios émis à deux différentes altitudes et par l'effet sur les spectres mesurés. Figure tirée de [169].

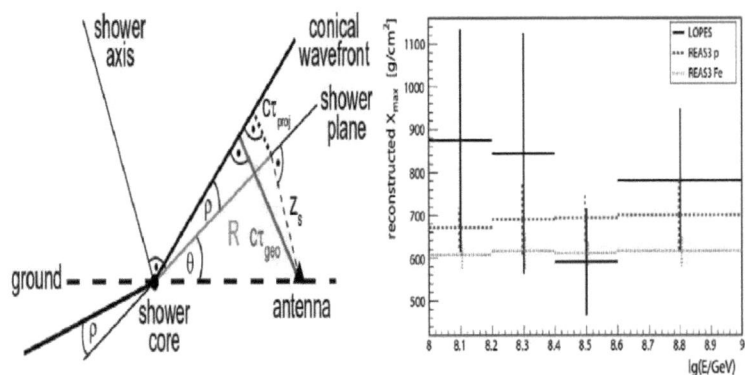

FIGURE 1.36 – À gauche, schéma du modèle utilisé par l'expérience LOPES pour ajuster le rayon de courbure de front de la gerbe radio. Le modèle suppose que le front a une forme conique. À droite, la courbe montre les valeurs des maximums des gerbes (valeurs moyennes et déviations standards) pour les données de l'expérience LOPES avec des incertitudes de l'ordre de 200 $g.cm^{-2}$ et pour des simulations REAS3 pour deux types des particules primaires (protons et fers) avec des incertitudes de l'ordre de 50 $g.cm^{-2}$. Figures tirées de [139].

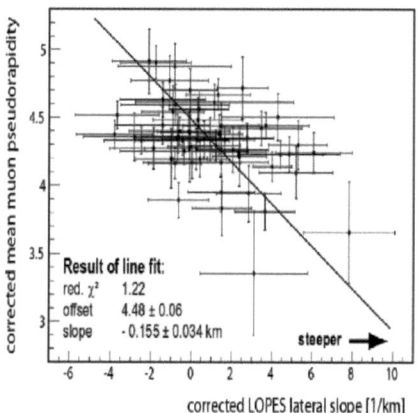

FIGURE 1.37 – Corrélation entre la valeur moyenne de la pseudorapidité des muons et la distance caractéristique de décroissance du profil latéral de la gerbe radio après correction de la distance par rapport à l'axe de la gerbe et de son inclinaison. Figure tirée de [172].

1.7 Conclusion

Un siècle s'est écoulé depuis la découverte de rayons cosmiques en 1912 par le physicien autrichien Victor Hess. Certaines questions posées de longue date, comme la nature des particules, les sources de ces particules restent mal résolues. Malgré le progrès et la complémentarité des techniques de détection mises en oeuvres. Ces difficultés prennent notamment leur origine dans la statistique faible de RCUHE et la précision de mesure des différentes observables physiques de la gerbe atmosphérique. Dans ce contexte, la méthode de radiodétection ancienne a été à nouveau étudiée depuis des dix dernières années. Le chapitre suivant décrira en détail l'une de ces expériences : CODALEMA, implantée à l'observatoire radioastronomique de Nançay et qui constitue un exemple de renouveau de cette méthode de détection. Les deux chapitres suivants aborderont alors les deux principaux aspects de la contribution que cette technique pourrait apporter par rapport aux questions originelles avec la mesure de l'énergie de la particule primaire par les amplitudes du signal radio et la détermination de la nature de cette particule via l'information contenue dans la distribution de temps d'arrivée sur le réseau d'antennes.

Chapitre 2

L'expérience CODALEMA à Nançay

La méthode de radiodétection a connu une renaissance pendant ces dernières années avec la disponibilité d'une électronique rapide atteignant une fréquence d'échantillonnage de $1\,GHz$ afin d'analyser, non plus les spectres de fréquence, mais les formes d'ondes. L'expérience CODALEMA (**CO**smic ray **D**etection **A**rray with **L**ogarithmic **E**lectro**M**agnetic **A**ntennas) a initié cet effort expérimental en France au début des années 2000. En 2002, l'expérience avait pour but de démontrer la possibilité de détecter des rayons cosmiques de haute énergie à partir de la contrepartie radio de la gerbe atmosphérique. Depuis, plusieurs étapes se sont succédées :

1. Le démonstrateur CODALEMA a tout d'abord exploité les antennes log-périodiques du DAM[1] de l'observatoire radioastronomique de Nançay. Ce dispositif a permis d'étudier l'état du ciel radio en impulsionnel et de développer les techniques et les méthodes d'analyses et d'identifier la bande passante.

2. L'étape CODALEMA II mise en opération à partir de 2006 a exploité deux réseaux de détecteurs fonctionnant en coïncidence : Le réseau de scintillateurs initial qui a été remplacé et étendu pour permettre d'estimer l'énergie de la particule primaire. Le réseau radio initial a migré vers un réseau d'antennes dipolaires actives (voir la figure 2.1).

3. L'étape CODALEMA III exploite un second réseau d'antennes équipé par une nouvelle génération de stations autonomes. Ce réseau a été déployé au site de Nançay à partir de 2010 (voir la figure 2.2). Le développement technique a eu lieu entre 2006 et 2008 et a profité d'un financement ANR (ANR-NT05-2-42808) et d'un financement de la région (APR-2007-10135).

Les analyses que nous présenterons dans cette thèse (les chapitres 3 et 4) sont issues essentiellement de l'étape II mais aussi pour une petite part de l'étape III. Ce chapitre va donc décrire principalement l'expérience CODALEMA II.

---

1. DAM : réseau décamétrique

FIGURE 2.1 – La configuration géométrique de l'expérience CODALEMA II à l'observatoire radioastronomique de Nançay. Figure tirée du site internet de CODALEMA http ://codalema.in2p3.fr/.

2.1 L'expérience CODALEMA II

2.1.1 Le réseau d'antennes

Le réseau d'antennes de CODALEMA II a été installé en complément du démonstrateur CODALEMA, en complétant l'axe est-ouest déjà équipé par des antennes log-périodiques par un axe nord-sud en utilisant des antennes dipolaires. Dans un second temps, les antennes log-périodiques ont été échangées par des dipôles orientés selon une polarisation est-ouest. Le réseau final forme une croix de dimensions $600\,m \times 500\,m$ avec un pas de $100\,m$ entre les antennes. Cette topologie de détection permet une estimation de la topologie du champ électrique sur une distance grande avec un nombre minimal de capteurs. Le tableau 2.1 contient les coordonnées des antennes déployées.

Caractéristiques de l'antenne active

Le choix et la conception de l'antenne ont été soumis à plusieurs contraintes expérimentales, et notamment celle de mesurer de manière optimisée les transitoires électriques initiés pendant le développement des gerbes de particules dans l'atmosphère. Le transitoire est caractérisé par son amplitude, sa durée et son contenu fréquentiel. Les calculs théoriques prédisent un transitoire court avec une durée de l'ordre $\sim 100\,ns$ et une amplitude de l'ordre de quelques $mV.m^{-1}$. Le choix s'est porté sur une antenne active dipolaire composée d'un radiateur qui est un assemblage de deux brins courts permettant d'obtenir une grande bande passante de mesure $[0, 200\,MHz]$ et d'un amplificateur directement au contact des brins et placé au centre de l'antenne. Cette configuration

2.1. L'EXPÉRIENCE CODALEMA II

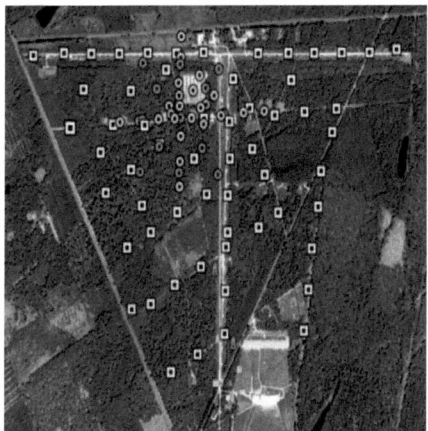

FIGURE 2.2 – Vue aérienne de $1,5 \times 1,5\,km^2$ de la nouvelle configuration de l'expérience CO-DALEMA III. Les positions des stations autonomes de la nouvelle génération sont indiquées par les carrés blancs. La configuration originale de Codalema II est représentée par les cercles bleus pour les scintillateurs plastiques, les cercles jaunes pour les antennes dipôles orientées suivant la direction Est-Ouest (les cercles oranges représentent les antennes dipôles orientées suivant la direction Nord-Sud). Figure tirée du site internet de CODALEMA http ://codalema.in2p3.fr/.

permet de disposer d'une grande sensibilité afin de mesurer le bruit radio du ciel.

Fonctionnement de l'antenne : L'antenne peut être modélisée par une source de tension en série avec une impédance dépendante de la fréquence qui a pour expression :

$$Z_{ant}(f) = R_{ant}(f) + j.X_{ant}(f)$$

- où $R_{ant} = R + R_{rad}$ la partie réelle de l'impédance, R_{rad} est la résistance de rayonnement et R est la résistance ohmique réelle de l'antenne. L'expression de R_{ant} est donnée par une approximation dans le cas d'une antenne en champ libre (sans sol) et largement au-dessous de la fréquence de résonance par

$$R_{ant}(f) = 20(\pi^2 \frac{L.f}{c})^2$$

(avec L est la longueur du dipôle et c la vitesse de la lumière dans le vide).
- X_{ant} la partie complexe de l'impédance représente la réactance de l'antenne et équivalente à l'association en série d'une inductance L_{ant} et d'une capacité C_{ant} :

$$X_{ant} = L_{ant}.2\pi.f - \frac{1}{C_{ant}.2\pi.f}$$

FIGURE 2.3 – Dipôle de CODALEMA. L'amplificateur montré à droite se trouve dans le boitier gris situé au milieu de l'antenne.

avec
$$C_{ant} = \frac{\pi . \epsilon_0 . L}{ln(\frac{L}{a})}$$

et
$$L_{ant} = \frac{1}{4.\pi^2 . C_{ant} . f_0^2}$$

L'impédance X_{ant} est capacitive aux basses fréquences puis devient successivement inductive, puis capacitive au-delà de la fréquence de résonance.
Le phénomène de résonance s'établit lorsque la partie imaginaire de l'impédance Z_{ant} est nulle c'est à dire $X_{ant}(f) = 0$. f_0 est la fréquence de résonance de l'antenne de largeur définie par le facteur de qualité :

$$Q = \frac{L\omega_0}{R} = \frac{1}{2.\pi.R_{ant}}\sqrt{\frac{L_{ant}}{C_{ant}}}$$

Dimensionnement de l'antenne : Plusieurs facteurs comme la fréquence de résonance, la sensibilité[2] et la bande passante de détection, interviennent dans le dimensionnement de l'antenne. La longueur de l'antenne dépend de la fréquence de résonance selon la relation $L = \frac{\lambda}{2}$ ($f_0 = \frac{c}{2.L}$). La sensibilité varie d'une manière proportionnelle par rapport à L. La bande passante principalement exploitée dans CODALEMA est la bande [37, 70] MHz. La fréquence de résonance des antennes CODALEMA est $f_0 = 125\,MHz$, ce qui correspond à une longueur du dipôle de $1,2\,m$. La largeur des radiateurs a été choisie pour augmenter la capacité de l'antenne sans changer la fréquence de

---
2. La sensibilité dans ce cas est définie par le rapport entre la tension de sortie d'antenne et sa tension d'entrée fixée par le champ électrique incident.

2.1. L'EXPÉRIENCE CODALEMA II

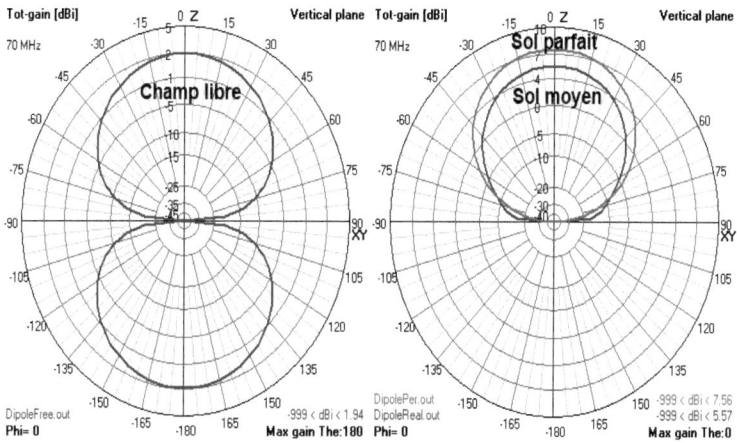

FIGURE 2.4 – A gauche, diagramme de rayonnement de l'antenne, en champ libre, dans le plan de l'antenne. A droite, les mêmes diagrammes pour un sol parfait et un sol réel. Le gain normalisé de l'antenne dipolaire CODALEMA est simulé par EZNEC dans le plan de l'antenne pour une fréquence de 70 MHz [70].

résonance. En effet, la tension en entrée de l'amplificateur V_{in} augmente avec la capacité d'antenne. D'autre part, une grande capacité permet d'augmenter la largeur de la résonance ce qui assure une réponse plus "plate" sur une large bande de fréquences.

Gain et directivité : Le diagramme de rayonnement (ou lobe d'antenne) est une représentation spatiale de la puissance rayonnée ou détectée par l'antenne. Le gain dans une direction définie par (θ, ϕ) est le rapport de la puissance émise dans cette direction $P(\theta, \phi)$ à la puissance moyenne émise P_0 :

$$G(\theta, \phi) = \frac{P(\theta, \phi)}{4\pi P_0}$$

Une antenne est caractérisée aussi par sa directivité (ou ouverture angulaire). Cette grandeur est définie par l'angle qui vérifie l'inégalité $P(\theta, \phi) \geq 2.P_0$. Le diagramme de rayonnement indique la directivité d'une antenne avec son lobe principal et ses lobes secondaires. Dans notre cas, on s'intéresse aux performances d'une antenne en mode réception. La distance des radiateurs par rapport au sol ainsi que la conductivité du sol sont des facteurs qui influencent ce diagramme. Ils sont pris en compte dans la simulation d'antenne, en champ libre pour une antenne très loin du sol, ou avec un sol parfait ou réel. Une antenne dipolaire peu directive a été choisie par CODALEMA afin d'assurer une meilleure isotropie de mesure du ciel. L'étude de l'antenne a été faite avec le logiciel de simulation d'antennes EZNEC qui est un code de simulation numérique des phénomènes électromagnétiques basé sur le code NEC (**N**umerical **E**lectromagnetics**C**ode) [73]. La figure 2.4, montre les diagrammes de réception de l'antenne en champ libre (à gauche) et avec un sol (à droite).

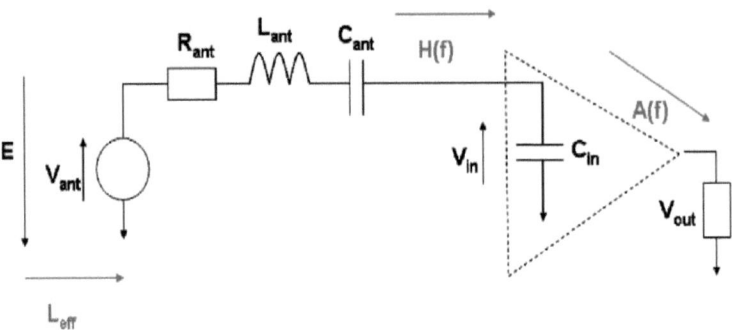

FIGURE 2.5 – Schéma électrique équivalent de l'antenne. Figure tirée de [70].

La fréquence utilisée dans la simulation est de 70 MHz, on constate que la directivité de l'antenne dipolaire est faible, avec une ouverture angulaire de 30° autour du gain maximal de l'antenne située à la verticale ($\theta = 90°$). Ce lobe se déforme en fonction de la fréquence et notamment au-dessus de 100 MHz. Le gain de l'antenne varie en fonction de la direction d'arrivée, il est donc nécessaire d'effectuer une correction lors de l'analyse.

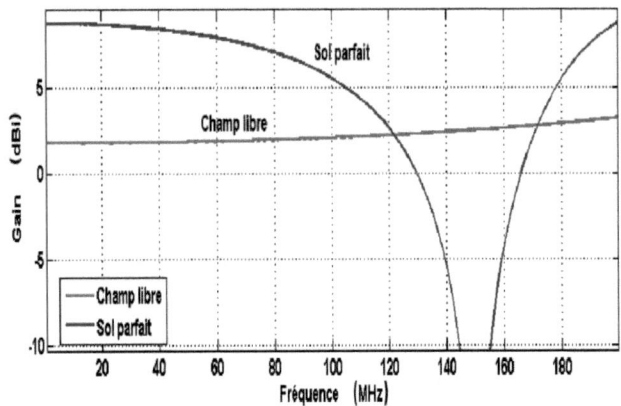

FIGURE 2.6 – Comparaison de la fonction de transfert (ou gain) en dB de l'antenne à 1 m au-dessus d'un sol parfait et en champ libre, pour la direction du zénith. Figure tirée de [70].

Réponse en fréquence : Une antenne peut être considérée comme un filtre caractéristique en fréquence. Ainsi, l'antenne dipolaire active de CODALEMA permet d'obtenir une réponse en fréquence sensiblement monotone uniquement pour les fréquences inférieures à f_0. Au-dessus de $\frac{f_0}{5}$, la réponse de l'antenne en champ libre n'est pas "plate" [69] et elle augmente jusqu'à la résonance

2.1. L'EXPÉRIENCE CODALEMA II

à f_0. Pour ces raisons, une correction du spectre en fréquence des signaux détectés par la réponse en fréquence de l'antenne, est réalisée. La fonction de transfert de l'antenne est le rapport entre la tension de sortie de l'amplificateur V_{out} et la tension mesurée à l'entrée de l'antenne qui est proportionnelle au champ électrique mesuré E (voir les notations de la figure 2.5). La formule de cette fonction est la suivante :

$$\frac{V_{out}}{E} = l_{eff} \cdot \frac{V_{out}}{V_a} = \frac{c}{f} \cdot \sqrt{\frac{R_{rad}(f).G(\theta, \phi, f)}{120.\pi^2}} \cdot \frac{A}{1 + j.2\pi.Z_a(f).C_{in}.f}$$

où l_{eff} est la longueur effective de l'antenne [3] $G(\theta, \phi, f)$ est le gain en fonction de la direction d'arrivée et de la fréquence et A est le gain de l'amplificateur.

Caractéristique de l'amplificateur : L'amplificateur utilisé sur l'antenne a été développé à Subatech par le service électronique [72, 74]. La technologie AMS BicMOS à $0,8\,\mu m$ a été utilisée

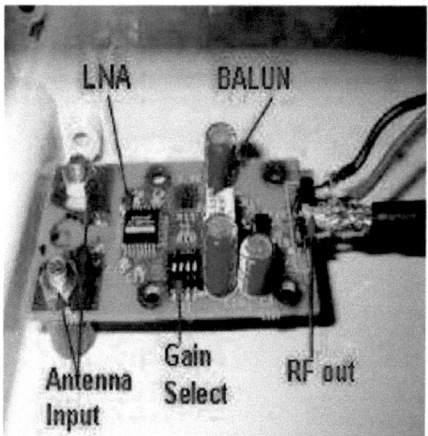

FIGURE 2.7 – L'amplificateur (LNA pour Low Noise Amplifier) installé sur la carte amplificateur.

pour la fabrication de cet amplificateur (ASIC). La carte amplificateur est représentée dans la figure 2.7. Le tableau 2.2 présente les caractéristiques électriques principales de l'amplificateur :

Sensibilité de l'antenne active au bruit galactique

Le bruit galactique est un rayonnement électromagnétique diffus produit par l'émission synchrotron des électrons en mouvement dans le champ magnétique galactique et son spectre s'étale sur une grande bande de fréquence allant du MHz jusqu'au GHz. Ce rayonnement est produit dans le plan galactique de notre galaxie. Une antenne intercepte pendant la période de rotation de

---

3. $l_{eff} = \frac{V_a}{E}$ avec V_a la tension aux bornes de l'antenne à vide et E est l'intensité du champ électrique détecté exprimée en $V.m^{-1}$.

la terre dans le repère galactique (temps sidéral ou heure LST [4]) plusieurs régions plus ou moins rayonnantes. La sensibilité au signal galactique est un critère de qualité et constitue une méthode

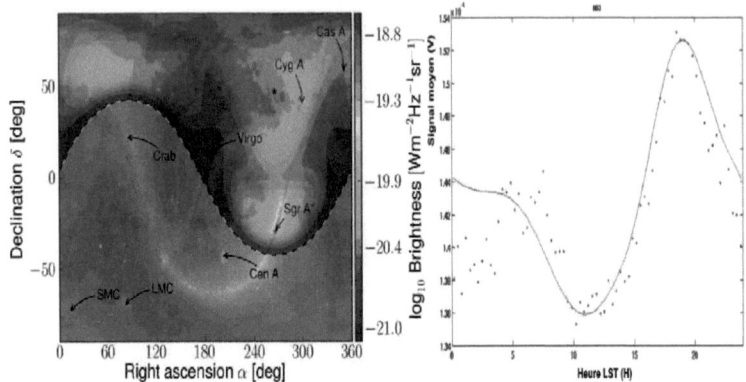

FIGURE 2.8 – La figure à gauche présente l'émission radio galactique à une fréquence de 55 MHz mesurée sur le site de l'observatoire radioastronomique de Nançay (hémisphère nord). La figure est tirée de [75]. La figure à droite présente le bruit de fond mesuré sur l'antenne dipolaire NS3 en fonction de l'heure LST. La ligne continue est l'intensité du signal radio galactique correspondant au signal radio galactique simulé, les points représentent les données collectées. Figure tirée de [69].

de calibration de la réponse d'antenne pour une expérience de radiodétection. En effet, ce signal est commun pour toutes les antennes du réseau, ce qui permet de mesurer et de comparer leurs réponses respectives. La méthode de calibration détermine l'écart-type du signal de tension mesuré $\sigma_{bruit} = \sqrt{<V^2>}$. Ce bruit de fond expérimental est proportionnel à la racine carrée de la puissance du signal radio galactique en fonction de l'heure LST. La figure 2.8 (à droite) montre le bruit mesuré par l'antenne dipolaire NS3 sur une durée de 6 mois. Le désaccord remarqué entre l'heure 0 LST et 5 heures LST peut être expliqué par la sensibilité faible de l'antenne aux angles proche de l'horizon (voir la figure 2.4).

---

4. LST pour **L**ocal **S**idéral **T**ime une journée sidérale dure 23h56mn4s, qui est le temps nécessaire à la Terre pour effectuer une rotation complète par rapport à son axe, dans ce cas un point dans le ciel paraîtra fixe à une heure LST donnée. Pour une antenne à une position donnée, les variations du bruit radio-galactique sur un jour sidéral seront identiques.

2.1. L'EXPÉRIENCE CODALEMA II

Nom de l'antenne	x [m]	y [m]	z [m]
NS1	283.08	-5.24	140
NS5b	-32.46	-5.18	140
NS6b	-119.81	-4.87	146
NS7	-204.27	-4.52	151
EO1	24.05	-349.75	144
EO2	19.28	-263.03	139
EO3	14.05	-174.78	140
EO5	-0.23	80.98	141
EO6	-6.01	173.64	140
EO7	-11.01	259.35	139
D32d	144.756	-81.011	137
NS2b	205.383	10.979	136
NS3b	127.632	5.269	137
NS4b	45.637	-2.362	138
EO4b	3.206	-41.878	140
D98e	44.798	-88.886	138
NE1	89.947	-48.481	138
NE2	89.9	-136.296	138
NO1	19.905	29.743	141
NO2	54.774	43.773	137
NO1N	21.524	30.394	141
NE3N	97.71	5.435	137
NE4N	47.666	-104.966	136
SE1b	-9.072	-93.015	140

TABLE 2.1 – Positions dans le réseau des antennes de l'expérience CODALEMA II.

Dynamique d'entrée maximale	$24\,mV$
Consommation	$0,25\,W$
Gain	$30\,dB$
Bande passante à $-3\,dB$	$80\,kHz$ à $230\,MHz$
Impédance d'entrée	$10\,pF$
Bruit total d'entrée	$19\,\mu F$

TABLE 2.2 – Caractéristiques principales de l'amplificateur utilisé dans l'expérience CODALEMA.

2.1.2 Le réseau de détecteurs de particules

Le réseau de détecteur de particules de CODALEMA II a été composé successivement de 5, 9, 13, 17 et 13 stations de détecteurs à scintillation. L'objectif de ce réseau est de fournir de manière indépendante du réseau radio les observables physiques comme la direction d'arrivée (θ_p, ϕ_p) [5] et l'énergie de la particule primaire E_p.

Description des détecteurs

Plusieurs caractéristiques du réseau comme sa taille et son pas (l'espacement entre les différents détecteurs) impactent les performances en détection des gerbes. L'objectif a été de disposer d'un seuil en énergie de $10^{15.7}\,eV$ (énergie du genou) avec un maximum d'efficacité à $10^{16}\,eV$. Pour ce faire le pas du réseau a été choisi à $85\,m$. Le trigger est défini par le déclenchement des 5 stations centrales (compte tenu de cette configuration, un taux de déclenchement d'un événement tout les $7\,mn$ est obtenu). Ces détecteurs des particules sont des scintillateurs plastiques qui échantillon-

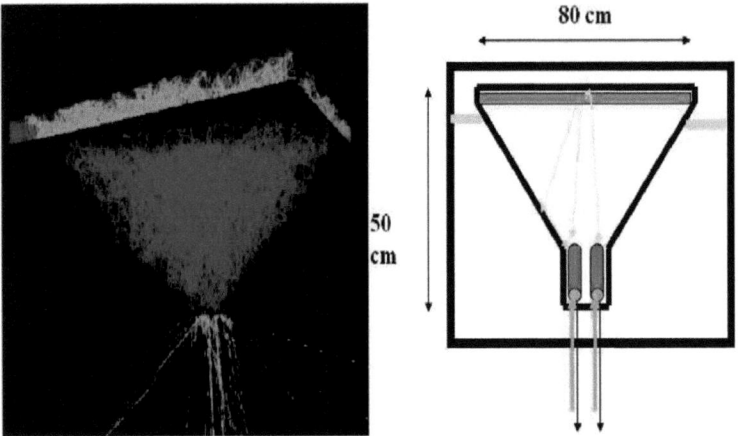

FIGURE 2.9 – Gauche, image de la simulation GEANT4 de la collection de lumière de fluorescence. Droite, vue schématique d'un scintillateur utilisé par le réseau de détecteurs de particules de l'expérience CODALEMA. Figures tirées de [78].

nent la distribution des particules secondaires chargées au sol, elle même constituée essentiellement d'électrons, de positrons et de photons γ. Ces scintillateurs ont été fournis par le laboratoire LPSC de Grenoble et déjà utilisés dans l'expérience EAS-TOP au laboratoire Gran-Sasso [77]. Ils contiennent une plaque carrée de plastique scintillant de dimensions $80\,cm \times 80\,cm \times 4\,cm$ (voir la figure

---

5. θ_p est l'angle zénithal de valeur 0° au zénith et 90° à l'horizon et ϕ_p est l'angle azimuthal de valeur 0° au Nord géographique, 90° à L'Est, 180° au Sud et 270° à l'Ouest. La notation $_p$ réfère à la gerbe des particules secondaires dans la suite de l'analyse.

2.1. L'EXPÉRIENCE CODALEMA II

2.9). Chaque plaque est fixée à l'extrémité d'une cuve recouverte de peinture réfléchissante pour assurer la réflexion de la majorité des photons émis par le plastique scintillant vers les photomultiplicateurs. Pour chaque station deux photomultiplicateurs fonctionnant à deux gains différents sont utilisés, avec un ajustement de la tension d'alimentation (tension de $1600\,V$ et $1200\,V$). Ce fonctionnement assure une grande dynamique de l'ordre de 10^4 (entre $0,3$ et 3000 VEM[6]) et assure une bonne mesure de la densité des particules chargées.

Observables fournies par le réseau de scintillateurs

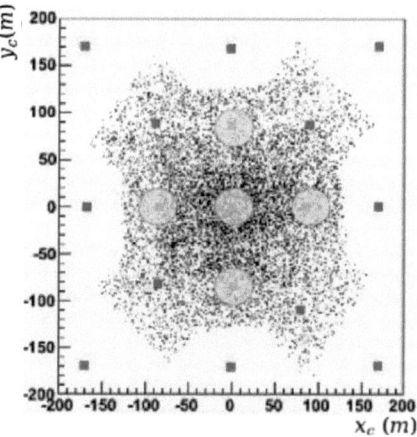

FIGURE 2.10 – Exemple de reconstruction des positions des pieds de gerbes des particules (points noirs) superposé au réseau de scintillateurs (carrés rouges). Le déclenchement de l'acquisition du réseau est obtenu par une coïncidence sur les cinq stations centrales (cercles jaunes). Dans cette vue, ne sont représentées que les positions reconstruites pour les évènements internes.

Critères de déclenchement sur une gerbe atmosphérique : Le réseau des scintillateurs déclenche l'acquisition dans le cas où les 5 scintillateurs centraux reçoivent un signal en coïncidence. La figure 2.10 présente la configuration géométrique des scintillateurs du réseau ainsi que des détecteurs centraux. Une fenêtre temporelle d'une durée de $650\,ns$ (temps de vol d'une gerbe horizontale $\theta_p = 90°$ traversant le réseau d'une extrémité à l'autre) définie la fenêtre de coincidence pour construire le déclenchement (trigger). A l'avènement d'un trigger, les signaux enregistrés sont envoyés à des cartes d'acquisition MATACQ[7] pour un échantillonnage à $1\,GHz$ sur $12\,bits$ sur une

---

6. Au niveau du sol, les muons atmosphériques sont nombreux avec un flux de $200\,muons\,par\,m^2.s$. On utilise donc ces particules pour calibrer les scintillateurs plastiques. VEM (pour **V**ertical **E**quivalent **M**uon) est l'unité de mesure du signal et qui correspond à l'énergie déposée par un muon vertical au minimum d'ionisation pour la configuration de détection utilisée.

7. MATACQ est le nom d'une carte électronique d'acquisition développée conjointement par le laboratoire d'ac-

durée de $2,52\,\mu s$. Les formes d'onde des signaux sont ajustées par la fonction :

$$V(t) = V_0 + V_{max}(\frac{(t-t_0).e}{n.\tau})^n.e^{(\frac{-(t-t_0)}{\tau})}$$

où les 4 paramètres libres sont : V_0 est la ligne de base du bruit de fond, V_{max} est l'amplitude maximale du signal, $n.\tau$ est n fois le temps de descente du signal et t_0 est le temps du maximum du signal détecté par le scintillateur.

Directions d'arrivée de la gerbe des particules : Le réseau des scintillateurs plastiques échantillonne le front de la gerbe de particules. Sous l'hypothèse d'un front de gerbe de forme plane, la direction de la gerbe (θ_p, ϕ_p) est estimée ainsi que le temps de passage au centre du réseau. Une méthode de minimisation au sens du χ^2 est utilisée suivant la relation :

$$\chi^2 = \sum_{i=1}^{N}(\frac{c(t_{0_i} - T_0) - (u.x_i + v.y_i)}{\sigma_i})^2$$

où $(u = sin\theta_p.cos\phi_p, v = sin\theta_p.sin\phi_p)$ sont les coordonées du vecteur normal au plan. Le couple (θ_p, ϕ_p) est déduit par ces transformations : $\theta_p = sin^{-1}(\sqrt{u^2 + v^2})$ et $\phi_p = tan^{-1}(\frac{u}{v})$.

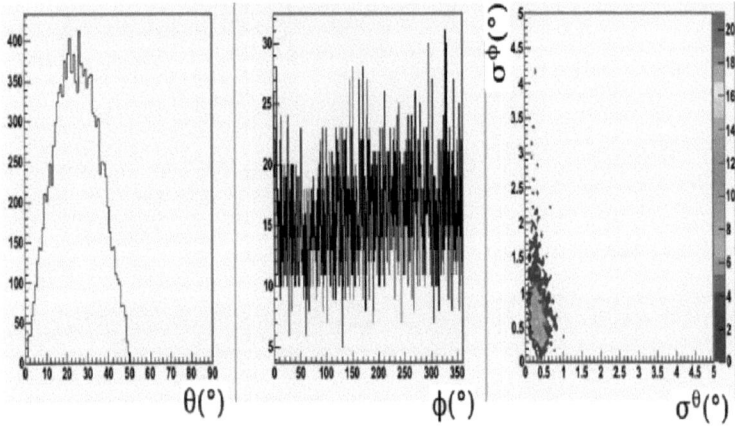

FIGURE 2.11 – Caractéristiques des évènements détectés par le réseau de scintillateurs. A gauche est présentée la distribution zénithale des directions d'arrivée des évènements détectés. Au milieu est présentée la distribution azimutale mesurée par les scintillateurs. La figure de droite montre les erreurs $(\sigma^{\theta_p}, \sigma^{\phi_p})$ sur l'estimation du couple (θ_p, ϕ_p).

– Les principales caractéristiques des évènements détectés par le réseau de scintillateurs sont résumées sur la figure 2.11. L'encart à gauche montre la distribution de l'angle zénithal θ_p qui présente un maximum vers $\theta_p \sim 20°$ et qui diminue vers les grandes inclinaisons. Cette

---
célérateur linéaire (LAL) et le CEA-DAPNIA. Cette carte est utilisée aussi pour le réseau des antennes.

extinction est due à la faible surface d'interception des scintillateurs vis-à-vis des gerbes inclinées pauvres en électrons/positrons (de part cette surface, les scintillateurs utilisés sont peu sensibles à la composante muonique). La distribution peut être ajustée par un fonctionnel de type

$$\frac{dN}{d\theta} = \frac{a.sin(\theta_p).cos(\theta_p)}{1+e^{(\frac{\theta_p-b}{c})}}$$

mettant en jeu une fonction de Fermi-Dirac. Toute gerbe incidente d'angle $\theta_p < b = 27,1°$ est détectable par ce réseau. Le coefficient $c = 7,44°$ modélise la largeur de l'amortissement autour de l'angle b et a est un coefficient de normalisation lié directement au nombre des évènements détectés.

– L'encart du milieu de la figure 2.11 présente une distribution plate de l'angle azimuthal ϕ_p qui indique l'indépendance de la réponse des scintillateurs en angle azimuthal et indique l'isotropie de la direction d'arrivée des rayons cosmiques de haute énergie (au-delà du genou). Un léger déficit d'évènements est remarqué pour des angles proches de 50° et un excès apparaît à 150°. Cette légère asymétrie a été expliquée par une erreur sur la mesure des temps de retard induit par les câbles liant les scintillateurs à la chambre d'acquisition.

– L'encart à droite présente les erreurs d'estimations (σ^{θ_p}, σ^{ϕ_p}) des angles. On remarque qu'il existe une corrélation entre les deux erreurs.

Estimation du pied de gerbe de particules : le pied de gerbe des particules est le point d'intersection de coordonnées (x_c^p, y_c^p, $z_c^p = 0$) entre l'axe de la gerbe définie par la direction d'arrivée et le plan contenant les détecteurs (voir la figure 8 du chapitre suivant). Cette estimation est effectuée uniquement pour les évènements dits "internes". Ce critère interne est défini lorsque le scintillateur qui reçoit le plus de particules chargées n'est pas en bord de réseau. On exige alors que ce scintillateur soit entouré par 4 autres scintillateurs détectant aussi le même événement. Dans le cas contraire, la reconstruction n'est pas fiable vis à vis de l'estimation du pied de gerbe et l'énergie du primaire est alors mal reconstruite. La reconstruction de ce paramètre se base sur la distribution latérale de l'événement ou LDF (pour **L**ateral **D**ensity **F**unction) paramétrée par la fonction NKG (**N**ishimura-**K**lein-**G**reisen) [79] définie par :

$$\rho(r) = N_e.\frac{c(s)}{r_0^2}.(\frac{r_0}{r})^{2-s}.(1+\frac{r}{r_0})^{s-4,5}$$

où r est la distance à l'axe de la gerbe, r_0 le rayon de Molière d'une gerbe électromagnétique (80 m au niveau de la mer), s le paramètre d'âge de la gerbe ($s = 1, 2$) et $c(s)$ tel que : $c(s) = 0,366.s^2.(2,07-s)^{1,25}$. La fonction du χ^2 suivante est minimisée :

$$\chi^2 = \sum_{i=1}^{N} \frac{(n_i - \rho(r_i))^2}{\sigma_{n_i}^2}$$

où N le nombre de scintillateurs touchés, n_i le signal mesuré par chaque station et r_i la distance à l'axe de la gerbe pour chaque station définie par : $r_i = \sqrt{(x_i - x_c^{pr})^2 + (y_i - y_c^{pr})^2}$ avec (x_i, y_i) la position de chaque scintillateur et (x_c^{pr}, y_c^{pr}) la position du coeur de gerbe dans le repère de la

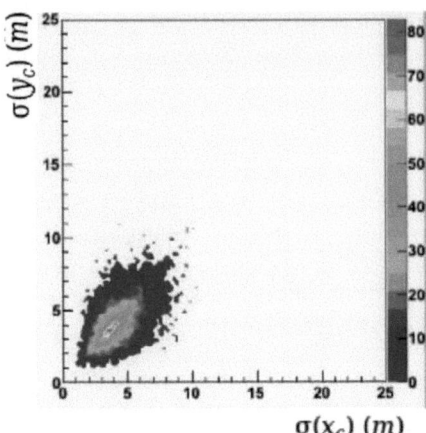

FIGURE 2.12 – Histogramme des erreurs sur l'estimation de pieds de gerbe de particules par le réseau des scintillateurs.

gerbe. La position du coeur de gerbe est ensuite projetée sur le plan horizontal pour obtenir le couple (x_c^p, y_c^p). Un critère de qualité de reconstruction est appliqué en vérifiant que le coeur de gerbe reconstruit se trouve effectivement dans la région du détecteur ayant le signal le plus grand.

Estimation de l'énergie de la particule primaire : la mesure de l'énergie de la particule primaire par le réseau des scintillateurs s'appuie sur la méthode CIC (pour Constant Intensity Cut). Cette méthode a été utilisée dans plusieurs expériences de détection de rayons cosmiques comme Haverah-Park, AGASA ou Pierre Auger (On pourra noter que Telescope Array installé aux États-Unis utilise une méthode différente basée sur une simulation monte-carlo). Des explications détaillées sur la méthode d'estimation de l'énergie sont renvoyées au chapitre suivant traitant de la corrélation en énergie. La figure 2.22, à gauche montre le spectre en énergie des évènements détectés par ce réseau.

2.2 L'expérience CODALEMA III

Depuis 2006, l'équipe astroparticule de Subatech a commencé une activité intense de recherche et de développement pour déployer une nouvelle configuration de l'expérience CODALEMA sur une base de détection autonome. A terme, ce nouveau réseau sera composé de 60 stations autonomes (voir la figure 2.13) réparties sur une surface de $1,5\,km^2$. Actuellement, 31 stations sont en opération. Le réseau CODALEMA III a plusieurs objectifs :

– Augmenter la statistique en terme des gerbes radio-détectées dans la région du genou ;
– Maîtriser la technique de détection autonome en réseau et développer un trigger purement

radio ;
- Obtenir un système plus compact, plus polyvalent et plus robuste.

Afin d'atteindre ces objectifs, la station autonome utilise de nouvelles antennes, dotée d'une nouvelle électronique et optimisée pour des mesures basses fréquences et permet de mesurer les 2 états de polarisation horizontaux. Elle peut être séparée en 3 parties différentes : deux antennes

FIGURE 2.13 – Prototype 1 de la Station Autonome conçue au laboratoire Subatech par l'équipe astroparticule. L'antenne possède deux radiateurs. Toutes les cartes électroniques sont contenues dans le caisson métallique servant de blindage électronique vis à vis des antennes de détection placées au-dessus. Le cône blanc dans le coin avant gauche est le capteur GPS. Figure tirée du site internet de CODALEMA http ://codalema.in2p3.fr/.

perpendiculaires, l'électronique d'acquisition, l'alimentation et la communication vers l'extérieur.

L'antenne papillon : est constituée de deux radiateurs de forme triangulaire de $1, 2\,m$ de longueur. Cette antenne a une sensibilité de détection plus grande dans la bande de fréquence basse entre $20\,MHz$ et $100\,MHz$ avec un maximum d'efficacité situé dans la bande $[30 - 40]\,MHz$.

La chaîne d'acquisition : (voir la figure 2.14) est constituée de plusieurs cartes électroniques placées dans un châssis métallique en-dessous de l'antenne elle même et contenue dans une enceinte formant un blindage électromagnétique pour éviter le brouillage de la détection.

- **La carte d'alimentation** : fabrique et distribue l'énergie électrique pour les différentes cartes dans la station à partir de $220\,V$ ou $24\,V$ des panneaux solaires.
- **La carte GPS** utilise une antenne GPS intégrée dans la station et fournit une datation des

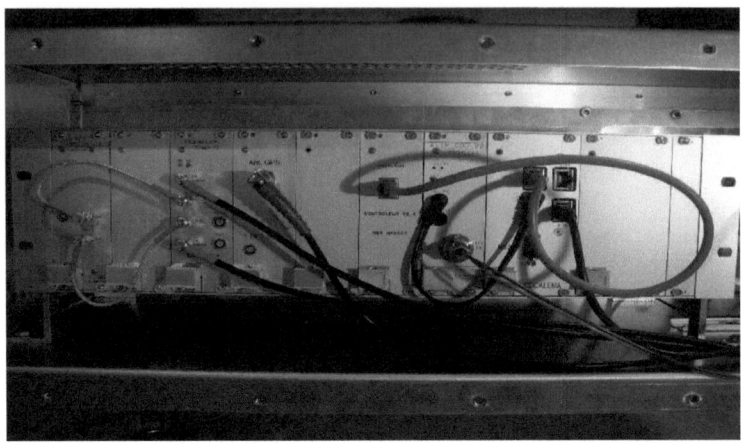

FIGURE 2.14 – Photo des différentes fonctionnalités électroniques de la station autonome : la carte MATACQ a pour fonction de numériser les formes d'ondes sur les deux voies NS et EO, la carte trigger construit le signal de déclenchement de la station, la carte Bus collecte toutes les informations des cartes, la carte PC permet de traiter l'événement et de le stocker et ordonne les communications vers l'extérieur, la carte GPS donne une date de l'événement avec une précision de l'ordre de quelques ns et la carte alimentation permet de délivrer les tensions électriques aux différentes cartes. Les différents câbles constituent les bus de liaison entre les cartes.

évènements détectés avec une précision de l'ordre de quelques ns [87].
- **La carte trigger** : assure le déclenchement de la station pour mémoriser d'état du ciel. Le déclenchement est obtenu quand un transitoire filtré dans la bande de fréquence $[45-55]\,MHz$ dépasse un certain seuil sur une polarisation N-S ou E-O ou sur les deux polarisations à la fois.
- **La carte bus** : collecte toutes les informations liées à un événement pour les transférer au pc embarqué. Cette carte est basée sur un microcontroleur permettant la liaison avec toutes les autres cartes disposées dans le châssis via un bus dédié au fond de panier et le pc.
- **La carte ADC** : numérise les formes d'ondes enregistrées avec une fréquence d'échantillonage de $1\,GS/s$ avec une dynamique de $14\,bits$.
- **La carte PC** : contient un processeur AMD-Geod accueillant un système d'exploitation embarqué (linux-voyage). La communication à distance est assurée par un logiciel développé par le service informatique de Subatech basé sur un protocole TCP-IP.

Les cartes de communication vers l'extérieur : qui dépendent du site de déploiement, transfèrent les fichiers vers un serveur central pour les analyses offline. À Nançay, une carte réseau filaire est utilisée des fibres sur le site. En Argentine, le prototype RAuger utilise une carte wifi pour transmettre les données.

2.3 Extraction des données brutes radio dans CODALEMA II

Le réseau d'antennes CODALEMA II est constitué de 24 antennes dipolaires, dont 21 en polarisation Est-Ouest et 3 en polarisation Nord-Sud. Chaque antenne est liée à la salle d'acquisition par un câble coaxial qui assure la connection avec la carte de numérisation MATACQ (ADC converstisseur analogique numérique). Celle-ci numérise le signal analogique de tension échantillonné sur 2520 points, à une fréquence de $1\,Gs/s$ sur une durée de $2,52\,\mu s$. La méthode de recherche des transitoires radio est synthétisée sur la figure 2.15. Elle peut se dissocier en 5 tâches :

1. correction de l'atténuation due au câble transmettant le signal mesuré des antennes aux numériseurs de forme d'onde installés dans la casemate d'acquisition, en fonction du type et de sa longueur ;

2. filtrage numérique en fréquence du signal dans une bande permettant la suppression des émetteurs de basses (<24 MHz) et de hautes (>82 MHz) fréquences ;

3. recherche du transitoire dans les signaux filtrés, et, le cas échéant, le marquage temporel de cette impulsion ;

4. reconstruction de la direction d'arrivée de l'onde radio dans le cas où plus de 3 antennes ont détecté des transitoires radio ;

5. sélection des évènements considérés comme des candidats radio de type gerbe cosmique par comparaison entre les données radio et les données scintillateurs.

Cette procédure permet aussi, pour chaque évènement de trigger, de collecter des informations générales sur le contexte électromagnétique dans lequel le transitoire a été mesuré, comme par exemple le bruit moyen, la présence (ou non) d'autres transitoires pendant les $2,56\,\mu m$ d'enregistrement. A l'issue de cette méthode de sélection, l'événement "gerbe" radio est constitué des paramètres suivants :

– l'identification des antennes touchées ;
– l'amplitude, le temps, le bruit sur chaque antenne ;
– une information globale sur l'événement : la direction (θ, ϕ) de la gerbe vue en radio.

2.3.1 Atténuation et filtrage du signal

Correction de l'effet des câbles : Les antennes utilisées dans l'expérience sont reliées à la chambre d'acquisition par différents types de câbles coaxiaux (RG, suhner) et la configuration géométrique du réseau d'antennes a imposé d'utiliser des câbles de longueurs différentes. Deux effets peuvent modifier la forme d'onde transportée : une atténuation dépendant de la longueur du

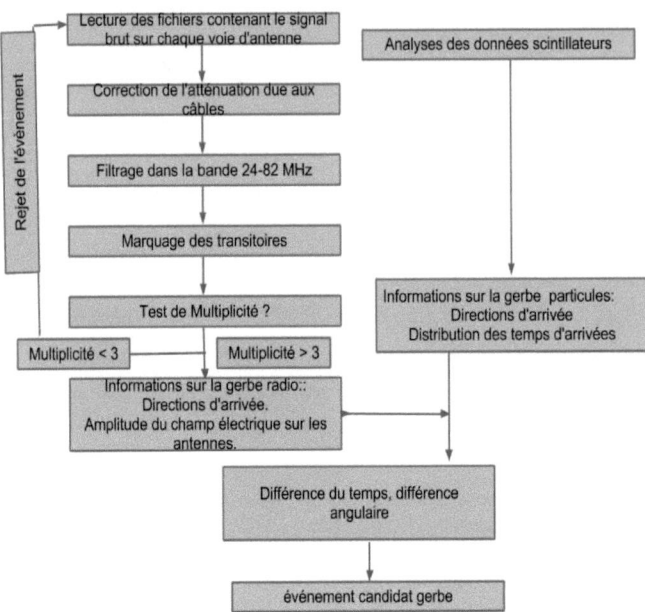

FIGURE 2.15 – Résumé de la chaîne de traitement des données off-line pour la sélection des évènements radio de l'expérience CODALEMA.

câble et une dispersion dépendent de la fréquence et qui affecte l'estimation du temps d'arrivée et l'amplitude du signal transitoire.

1. L'atténuation dépend de la longueur du câble et de la fréquence. En première approximation l'atténuation donnée par le constructeur : $(Atténuation(dB/m) = 0,0817.\sqrt{f(GHz)} + 0,025.f(GHz))$ peut être utilisée. Mais la disposition sur le terrain ainsi que les contraintes (usures, humidité, contraintes mécaniques, enfouissement, variation de température...) altèrent les propriétés initiales de transmission des câbles. C'est pourquoi les valeurs de l'atténuation ont été mesurées in situ en utilisant un générateur de bruit blanc multifréquences dans la bande $[0, 200\,MHz]$ et un analyseur de réseau. La figure 2.16 montre l'atténuation mesurée en fonction de la fréquence pour les différents câbles. Afin de reconstruire l'amplitude du signal réel, une correction par l'inverse de la fonction d'atténuation est appliquée sur le spectre en fréquence de la forme d'onde numérisée.

2. Une correction due aux temps de propagation dans les câbles est aussi introduite. Le temps de propagation dans chaque câble a été mesuré à l'aide d'un générateur d'impulsions électriques

2.3. EXTRACTION DES DONNÉES BRUTES RADIO DANS CODALEMA II

Période	27 Novembre 2006 - 2 Janvier 2010
Temps total	1131 jours
Temps utile	1031 jours
Nombre de déclechements	168726
Coïncidences	2596
Coïncidences angulaires et temporelles	2030
Coïncidences angulaires et temporelles + internes	604

TABLE 2.3 – Statistique de l'expérience CODALEMA-II utilisée dans cette thèse. Les données utilisées dans cette analyse ont été prises entre le 27 Novembre 2006 et le 2 Janvier 2010.

et d'un oscilloscope. En moyenne, on trouve que la propagation du signal s'effectue avec la vitesse de l'ordre de $4, 5\,ns$ par mètre. Ces mesures sont utilisées dans les analyses off-line pour corriger les retards (la distribution des temps de maximum du signal radiodétecté).

Filtrage : Dans l'expérience CODALEMA, le signal utile est un transitoire de très courte durée ($10\,ns$ à $\sim 100\,ns$) et d'amplitudes variant de $100\,\mu V.m^{-1}$ à $E_p \sim 10^{16}\,eV$ jusqu'à $1000\,\mu V.m^{-1}$ à $E_p \sim 10^{18}\,eV$ caractérisé par un spectre de fréquence très large. La bande $[0-100\,MHz]$ contient elle même de nombreuses sources de bruit et notamment les émetteurs radio AM et FM situés respectivement dans les intervalles $[1,\,20\,MHz]$ et $[90,\,110\,MHz]$ (voir la figure 2.17), des perturbations naturelles atmosphériques comme les foudres et des perturbations artificielles générées par les équipements (climatisation, électronique) ou même les lignes HT et BT (transformateurs) de distribution RTF. La figure 2.17 présente l'occupation de la bande $[0-120\,MHz]$. Il apparaît clairement que la bande la moins encombrée pour la recherche des impulsions électriques initiées par les gerbes se situe dans la bande $[24-82\,MHz]$. L'étape de filtrage numérique consiste à appliquer un filtre rectangulaire sur les coefficients d'amplitude de Fourier obtenus après traitement de la forme d'onde initiale par un algorithme de type **FFT** (**F**ast **F**ourrier **T**ransform). Le filtre rectangulaire prend les valeurs : 1 pour des fréquences dans la bande et 0 pour les autres. Ce filtre présente l'avantage de ne pas déplacer le temps du maximum du signal filtré par rapport au temps trigger, mais s'accompagne de l'apparition d'un phénomène de Gibbs appelé aussi "Oreilles de Gibbs". Ce phénomène se caractérise par l'apparition d'une ondulation au niveau des discontinuités se trouvant aux deux extrémités de la forme d'onde. Il correspond à la transformée de Fourier inverse d'un signal porte : le sinus cardinal. L'amplitude de cet effet est variable en fonction des évènements, et il est possible d'obtenir des oscillations qui dépassent l'amplitude maximale de l'impulsion. Dans CODALEMA ce problème a été contourné en supprimant $300\,ns$ après filtrage aux extrémités de la forme d'onde traitée.

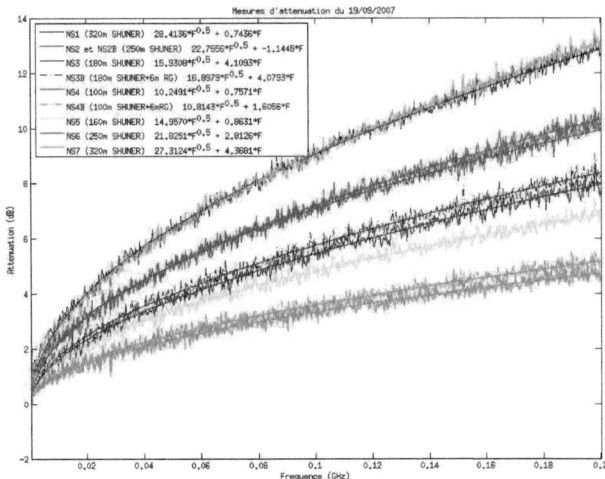

FIGURE 2.16 – Atténuation en dB pour différents câbles en fonction de la fréquence, d'un signal de type bruit blanc injecté. La bande de fréquence utilisée est $[0-200\,MHz]$. Figure tirée de [69].

2.3.2 Méthode de recherche des transitoires radio

Après avoir appliqué un filtre numérique sur le signal brut dans la bande $[23-82\,MHz]$, il reste à chercher dans la forme d'onde filtrée la présence des transitoires initiés par les gerbes atmosphériques. L'expérience CODALEMA utilise deux méthodes différentes pour la recherche et le marquage de ces impulsions.

Méthode par seuil : L'identification du transitoire radio s'effectue par l'application d'un seuil d'amplitude sur les signaux filtrés, dans la fenêtre de $2,52\,\mu s$ (élimination de $300\,ns$ en début et en fin de forme d'onde pour contourner le phénomène de Gibbs). La moyenne du bruit $\mu_b = <V^2>_b$ ainsi que son écart-type $\sigma_b = \sqrt{<(V^2-\mu_b)>^2}$ sont d'abord évalués. Le seuil de détection est défini par la condition : $seuil \geq k*\mu_b$ où k est un entier qui a été fixé d'une manière phénoménologique pour rejeter les signaux non transitoires. Afin de minimiser la détection des impulsions non corrélées avec des gerbes atmosphériques, la valeur de k a été fixée à 25. Dans le cas où le maximum du signal au carré est supérieur au seuil, l'antenne est considérée comme touchée et l'amplitude du maximum du signal est relevée. Le temps d'arrivée du transitoire est alors déterminé par la position du maximum. Ces informations sont enregistrées dans des fichiers DST (pour **D**ata **S**ummary **T**ape) où résident, évènement par évènement et pour chaque antenne, les observables suivantes :

– La liste des antennes touchées (ou motif de l'événement) et qui peut être utilisée ultérieure-

2.3. EXTRACTION DES DONNÉES BRUTES RADIO DANS CODALEMA II

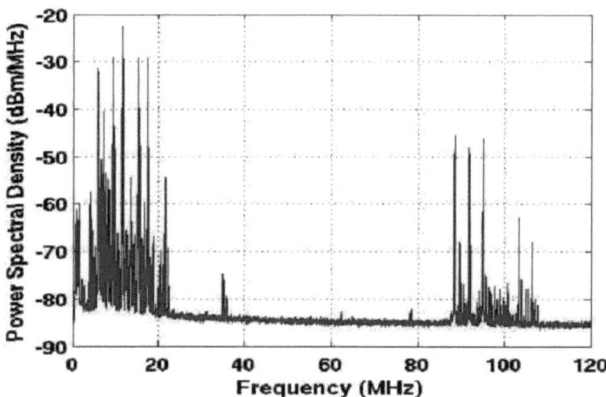

FIGURE 2.17 – Spectre en fréquence du ciel à Nançay dans la bande $[1 - 120\,MHz]$. La mesure présentée ici a été effectuée sur une antenne log-périodique du réseau décamétrique en 2003. Figure tirée de [70].

ment pour améliorer la qualité de l'événement ;
- Le maximum du signal pour chaque antenne : utilisé pour étudier le profil latéral de la gerbe radio (LDF radio) et estimer l'énergie E_p ;
- Le temps de ce maximum : utilisé pour la datation et lors des reconstructions plane et sphérique ;
- La moyenne et l'écart-type du bruit : utilisés dans l'évaluation de l'erreur sur la LDF.

Méthode LPC (Linear Prediction Coding) : L'étude approfondie des spectres en fréquence a montré aussi l'apparition de certains émetteurs dans la bande utile qui apparaissent d'une manière intermittente. Ces émetteurs (généralement locaux) peuvent passer le seuil fixé par la méthode précédente et ils seront confondus avec des candidats gerbes. Certains d'entre eux apparaissent sur des durées assez longues (quelques secondes), d'autres sur des durées très courtes (quelques ms). De ce fait, il est difficile d'adapter la bande utile de filtrage événement par événement. Ces observations ont conduit à implémenter une deuxième méthode dans l'expérience CODALEMA afin de détecter ces émissions. Cette seconde méthode permet notamment d'augmenter la statistique disponible. Le choix s'est porté sur l'implémentation d'un filtre blanchisseur disponible dans le logiciel matlab et qui exploite un filtrage linéaire prédictif (LPC). La mise en oeuvre de cette méthode a fait l'objet de la thèse [81]. Elle se base sur la prédiction du signal en s'appuyant sur l'hypothèse, qu'en dehors de l'impulsion, chaque point $V_p(k)$ du signal V est une combinaison linéaire des n points qui le

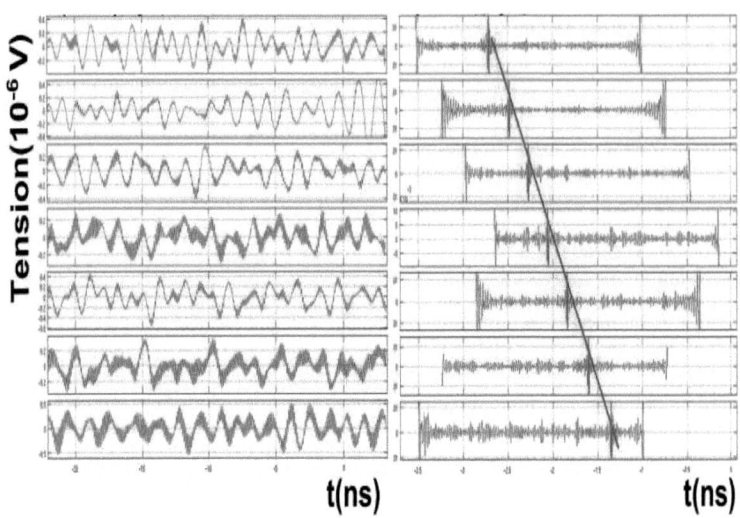

FIGURE 2.18 – Exemple de signaux bruts mesurés en coïncidence par 7 antennes (à gauche) d'un des bras de la croix, et les mêmes signaux filtrés dans la bande [24, 82 MHz] (à droite en bas).

précèdent :

$$V_p(k) = a_1 V(k-1) + a_2 V(k-2) + ... + a_n V(k-n) = \sum_{i=1}^{n} a_i V(k-i)$$

La différence entre le signal $V(k)$ et le signal prédit $V_p(k)$ est appelée erreur de prédiction :

$$e(k) = V(k) - V_p(k) = V(k) - (a_1 V(k-1) + a_2 V(k\text{-}2) + ... + a_n V(k-n))$$

Les coefficients a_1, ..., a_n sont les coefficients du filtre LPC et ils sont calculés d'une manière à minimiser la somme des erreurs quadratiques moyennes sur la fenêtre du signal contenant N_p points :

$$\chi^2 = \sum_{k=1}^{N_p} e^2(k) = \sum_{k=1}^{N_p} (V(k) - \sum_{i=1}^{n} a_i V(k-i))^2$$

Ensuite une méthode par seuil est appliquée sur $e(k)$. Ainsi, la méthode LPC permet de mettre en évidence des signaux de plus faibles amplitudes que par la méthode de seuil. Cette méthode appliquée à un lot test a montré qu'elle identifiait 30% de gerbes atmosphériques supplémentaires. Inversement, 3% des évènements détectés par la méthode seuil ne le sont pas par la méthode LPC. Afin d'optimiser la recherche des transitoires, les deux méthodes sont utilisées conjointement.

À ce niveau de l'analyse, le traitement off-line des données brutes est achevé car les informations essentielles pour chaque antenne de chaque événement sont déterminées. Ces informations peuvent

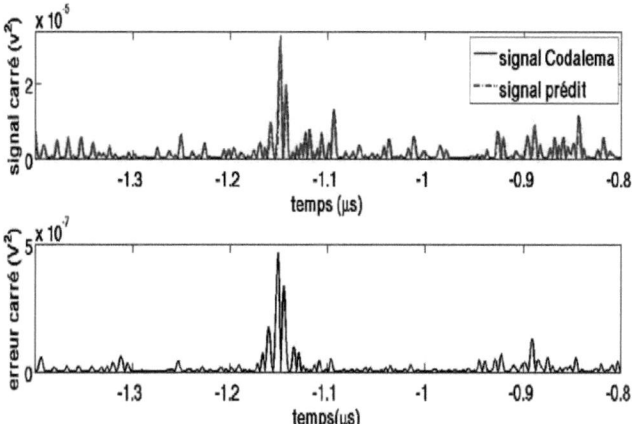

FIGURE 2.19 – (en haut) Signal enregistré par l'expérience Codalema en bleu, ainsi que la prédiction à l'aide d'un filtre LPC en rouge. (en bas) Erreur de prédiction sur le signal. Figure tirée de [81].

alors être exploitées pour estimer l'énergie de la particule primaire par l'observable radio (voir chapitre suivant) et pour étudier le front de la gerbe radio (voir chapitre 4 et 5).

2.3.3 Reconstruction de la direction d'arrivée de gerbe radio

En première approximation, on peut assimiler le front de la gerbe radio à un plan. Dans le cas des évènements de multiplicité ≥ 3, un ajustement de ce plan est possible. On définit un plan d'équation $u.x_i + v.y_i + w.z_i + constante = 0$ qui a pour vecteur normal :

$$\vec{n} = \begin{pmatrix} u = sin(\theta).cos(\phi) \\ v = sin(\theta).sin(\phi) \\ w = cos(\theta) \end{pmatrix}$$

comme le montre la figure 2.20. On minimise alors une fonction de χ^2 de cette forme non-linéaire :

$$\chi^2 = \sum_{i=1}^{N} (\frac{c.t_i - c.t_0 + x_i.u + y_i.v + z_i.w}{c.\sigma_i})^2$$

où (x_i, y_i, z_i) sont les coordonnées d'une antenne i, σ_i est la résolution temporelle sur une antenne i estimée empiriquement à $10\,ns$ avec la méthode d'analyse actuelle et t_0 est l'instant de passage du plan par l'origine du réseau. Le tableau 2.1 montre les coordonnées des antennes utilisées dans l'expérience. On remarque qu'avec une bonne approximation, on peut considérer qu'elles appartiennent au même plan, ainsi on définit l'approximation suivante : ($z_i = 0\,m$, référence en

Nom de l'expérience	Méthode utilisé dans la recherche	Résolutions temporelles	Remarques
Codalema II [80]	Méthode de seuil dans la bande $[23-80\,MHz]$	$\sigma^t = 10\,ns$	Environnement peu perturbé
Codalema III [86]	Méthode de seuil dans la bande $[45-55\,MHz]$	$\sigma^t = 5\,ns$	Self trigger
Trend [135]	Maximum de l'enveloppe d'Hilbert + cross correlation	$\sigma^t = 10\,ns$	Environnement perturbé
LOPES [139]	Beamforming	$\sigma^t = 1\,ns$	Environnement pollué
AERA [139]	Méthode de seuil dans la bande $[30-80\,MHz]$	$\sigma^t = 1\,ns$	Environnement peu perturbé

TABLE 2.4 – Comparaison des méthodes de recherche des transitoires pour différentes expériences de radio-détection en opération (gamme du MHz).

altitude du réseau) ce qui simplifie la fonction de χ^2 à la forme linéaire suivante :

$$\chi^2 = \sum_{i=1}^{N} (\frac{c.t_i - c.t_0 + x_i.u + y_i.v}{c.\sigma_i})^2$$

Les paramètres fournis sont t_i, x_i, y_i et inconnus sont u, v, t_0. Ce système peut être résolue en utilisant un algorithme de minimisation (LVM, Simplexe, Line-search) ou par calcul matriciel direct. En effet, dans cette dernière méthode, la linéarisation de cette fonction de χ^2 permet d'utiliser la condition d'optimalité de premier degré pour estimer les paramètres inconnus. Cette condition s'écrit :

$$\frac{1}{2} \cdot \frac{\partial \chi^2}{\partial u} = 0$$
$$\frac{1}{2} \cdot \frac{\partial \chi^2}{\partial v} = 0$$
$$\frac{1}{2} \cdot \frac{\partial \chi^2}{\partial c.t_0} = 0$$

Le développement du calcul donne :

$$\begin{aligned} S_{xt} - c.t_0.S_x + u.S_{xx} + v.S_{xy} &= 0 \\ S_{yt} - c.t_0.S_y + u.S_{xy} + v.S_{yy} &= 0 \\ -S_t + c.t_0.S_1 - u.S_x + v.S_y &= 0 \end{aligned} \Rightarrow \begin{pmatrix} S_{xx} & S_{xy} & -S_x \\ S_{xy} & S_{yy} & -S_y \\ -S_x & S_y & S_1 \end{pmatrix} \begin{pmatrix} u \\ v \\ c.t_0 \end{pmatrix} = \begin{pmatrix} -S_{xt} \\ -S_{yt} \\ S_t \end{pmatrix}$$

avec $S_{\beta\gamma} = \sum_i \frac{\beta.\alpha}{\sigma_i^2}$, $S_{xt} = \sum_i \frac{x_i.c.t_i}{\sigma_i^2}$, $S_{xx} = \sum_i \frac{x_i^2}{\sigma_i^2}$, $S_{xy} = \sum_i \frac{x_i.y_i}{\sigma_i^2}$, $S_{yt} = \sum_i \frac{y_i.c.t_i}{\sigma_i^2}$ et $S_1 = \sum_i \frac{1}{\sigma_i^2}$. Cette équation peut s'écrire sous la forme : $J.A = B$ avec J la matrice Jacobienne de la fonction de χ^2 :

$$J = \begin{pmatrix} S_{xx} & S_{xy} & -S_x \\ S_{xy} & S_{yy} & -S_y \\ -S_x & S_y & S_1 \end{pmatrix}$$

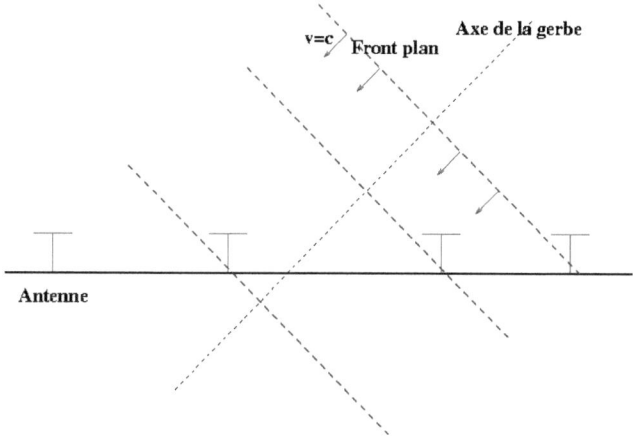

FIGURE 2.20 – Approximation d'un front d'onde plane. Le plan de la gerbe est un plan perpendiculaire à l'axe de la gerbe et il se déplace suivant cet axe à la vitesse de la lumière.

et A et B les deux vecteurs : $A = \begin{pmatrix} u \\ v \\ c.t_0 \end{pmatrix}$ et $B = \begin{pmatrix} -S_{xt} \\ -S_{yt} \\ S_t \end{pmatrix}$. La résolution de ce système linéaire d'équation s'effectue par une inversion matricielle de la matrice J tel que $A = J^{-1}.B$ viale logiciel matlab, et permet d'extraire les quantités :

$$u^2 + v^2 + w^2 = 1$$
$$\theta = sin^{-1}(\sqrt{(u^2 + v^2)})$$
$$\phi = tan^{-1}(\tfrac{v}{u})$$

La figure 2.21 à droite montre la résolution angulaire de l'estimation des directions d'arrivées par le réseau d'antennes dans le cas d'une résolution temporelle de l'odre de $10\,ns$. Pour comparaison, le tableau 2.4 regroupe les résolutions angulaires de l'expérience CODALEMA II ainsi que d'autres expériences de radiodétection avec les méthodes utilisées dans le marquage des transitoires électriques.

2.3.4 Efficacité de la radiodétection

L'efficacité de la radiodétection de l'expérience CODALEMA est définie comme le rapport de la distribution en énergie des évènements radio à la distribution des évènements détectés par le réseau des scintillateurs. L'encart à gauche de la figure 2.22 montre l'histogramme de l'énergie des évènements internes détectés en coïncidence par le réseau des scintillateurs et le réseau d'antennes. Ce réseau de scintillateurs présente un seuil en énergie qui se situe à $10^{15}\,eV$ alors que le seuil de

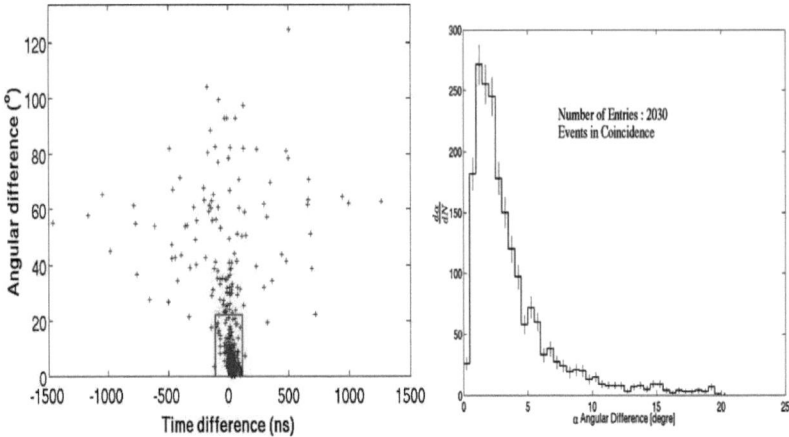

FIGURE 2.21 – La figure de gauche présente l'écart angulaire α (°) en fonction de la différence temporelle pour des évènements détectés en coincidence par les réseaux "particules" et "radio". Le rectangle rouge correspond aux critères finaux de sélection des coincidences utilisées dans l'analyse off-line $\alpha < 20°$ et $|dt| < 100\,ns$. Figure tirée de [80]. La figure de droite, présente l'histogramme de la résolution angulaire des évènements radio, l'écat-type de cette distribution est $\sigma(\alpha) = 1,6°$.

détection radio en énergie est situé à 5.10^{16} eV. Pour les hautes énergies, une forme semblable de courbes est obtenue. La figure 2.22 à droite présente la courbe d'efficacité qui est ajustée par une fonction de Fermi-Dirac. Vers 10^{18} eV, l'efficacité de détection en radio croît et atteint une valeur de 1, ce qui indique que le réseau d'antenne en polarisation Est-Ouest peut détecter toutes les gerbes venant de toutes les directions possibles. En tenant compte du mécanisme géomagnétique de création du champ électrique (présenté plus loin), on estime que le maximum d'efficacité est atteint à une énergie de 6.10^{17} eV en utilisant la seule polarisation Est-Ouest. La thèse [78], page 102 contient une étude détaillée sur l'effet du produit $\vec{v} \wedge \vec{B}$ sur l'efficacité de détection aux énergies intermédiaires.

2.3.5 Profil latéral radio

La configuration en croix (avec un nombre restreint de capteurs) du réseau d'antennes de CO-DALEMA II a eu pour vocation d'identifier sur une distance importante la topologie du champ électrique au sol, pour étudier le profil longitudinal du champ électrique. Par analogie avec la gerbe des particules caractérisée par un profil latéral LDF (pour **L**ateral **D**ensity **F**unction), on définit une fonction décrivant le profil latéral de gerbe radio appelée RLDF (**R**adio **L**ateral **D**ensity **F**unction). L'introduction d'une telle modélisation prend sa source dans les observations expérimentales historiques et qui ont été synthétisées par la paramétrisation d'Allan [52] qui prédit une

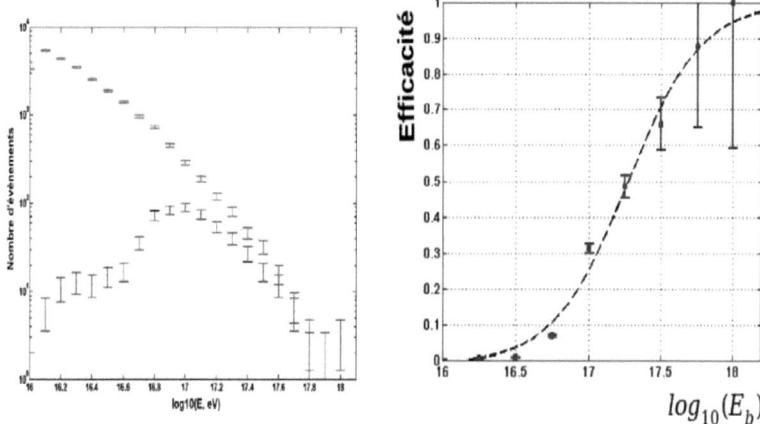

FIGURE 2.22 – La figure à gauche montre le nombre des évènements détectés en fonction de l'énergie pour chaque réseau : les marqueurs bleus sont les données antennes et les marqueurs rouges celles déduites des scintillateurs. La barre d'erreur est donnée par la racine carrée du nombre d'évènements dans chaque bin. La figure de droite montre l'efficacité de détection du réseau d'antennes. Elle atteint 50% à une énergie $E_p = 2.10^{17}\,eV$ et est estimée à 1 à $10^{18}\,eV$ pour un seul état de polarisation est-ouest. Figures tirées [80].

dépendance exponentielle du champ ϵ_i en fonction de la distance à l'axe d_i :

$$\epsilon_i = \underbrace{20.(\frac{E_p}{10^{17}\,eV})}_{\epsilon_0}.sin(\alpha).cos(\theta).exp(-\frac{d_i}{d_0(\nu,\theta)})\,\frac{\mu V}{m.MHz}$$

avec d_0 est la distance de décroissance exponentielle du champ, α est l'angle entre la direction d'arrivée et le champ géomagnétique et θ est l'angle zénithal et ϵ_0 est l'amplitude du champ électrique créé au coeur de la gerbe. Cette dernière observable est directement corrélée à l'énergie de la particule primaire E_p et peut être estimée événement par événement, donnant ainsi l'accès à une observable purement radio de l'énergie de la gerbe. La reconstruction de la RLDF est donc une étape importante dans le développement de la méthodologie en radiodétection, à la fois complémentaire et indépendante des autres méthodes. Les figures 2.23 et 2.24 présentent des profils latéraux observés au sol. Les résultats de reconstruction de RLDF sur les données CODALEMA sont présentés dans le chapitre 3.

2.3.6 Effet géomagnétique

L'expérience CODALEMA est la première expérience au monde qui a publié de manière incontestable une asymétrie large et stable entre le nombre de gerbes détectées venant du nord et celles

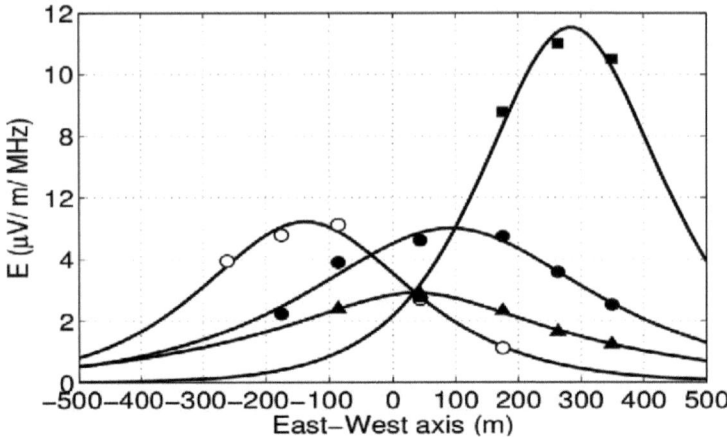

FIGURE 2.23 – Exemple des profils latéraux des évènements associés à des gerbes atmosphériques (marqueurs+ligne continue). Les lignes ne sont pas issues d'un ajustement. Figure tirée de [82].

venant du sud [80, 69]. En effet, alors que la distribution azimuthal sur le réseau des scintillateurs est isotrope (voir la figure 2.11 du milieu), la distribution azimuthal radio montre une asymétrie Nord-Sud importante (voir la figure 2.25, à gauche). Cette symétrie est interprétée comme une signature de l'influence du champ géomagnétique $\vec{B}$ dans le processus d'émission du signal radio pendant le développement de la gerbe dans l'atmosphère, à travers l'action de la force de Lorentz sur les particules secondaires chargées (par l'intermédiaire du terme $\vec{v} \wedge \vec{B}$). Avec une statistique, qui a été légèrement augmentée par rapport à celle utilisée pour la publication originale. Nous trouvons par exemple que parmi les 2030 évènements détectés en coincidence entre les deux réseaux : 1708 évènements viennent du nord et 322 évènements viennent du sud. Ce qui donne un rapport de $0,188$ consistant avec la valeur $0,17$ obtenue avec l'échantillon statistique utilisé dans [80]. Un effet de fluctuation statistique est rejeté avec une significance de 15σ. Si le mécanisme d'émission est considéré comme dominant, comme nous le verrons dans le chapitre 3, une interprétation plus fine des observations nécessite d'introduire une deuxième contribution. Cette analyse sera au centre du chapitre suivant.

2.3.7 Réponse en énergie

Un des objectifs principaux de toutes les expériences de radio détection, et de CODALEMA, est de parvenir à une calibration en énergie des détecteurs radio, afin de déterminer l'énergie du primaire à partir des seules observables données par la méthode radio, indépendamment de tous autres détecteurs. Pour CODALEMA, l'approche a consisté à exploiter la valeur du champ électrique au pied de gerbe ϵ_0 extrapolée d'une paramétrisation exponentielle du profil longitudinal

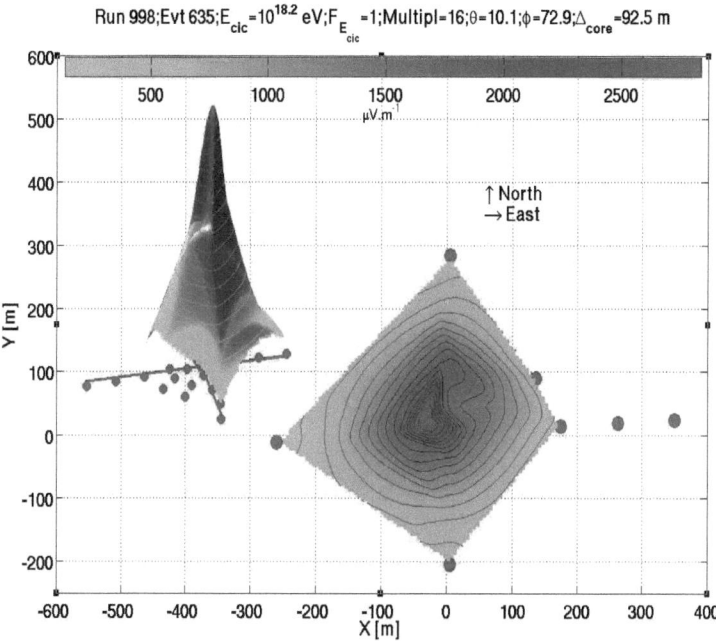

FIGURE 2.24 – Exemple de topologie de l'amplitude du champ électrique au sol. Gauche : la carte 3D est présentée. Droite : la projection au sol (2D) pour un événement gerbe cosmique, des isocontours de champ électrique est montrée. Ces cartes sont basées sur une interpolation de Delaunay.

radio (RLDF), afin d'extraire une observable radio E_0 de l'énergie du primaire (voir le chapitre suivant pour l'étude complète). Bien qu'à l'époque, le comportement des profils longitudinaux n'était pas (et demeure encore aujourd'hui) qu'imparfaitement compris, la statistique était toutefois suffisante pour fournir une vue préliminaire de la relation entre cette observable radio E_0 et l'énergie de la gerbe E_p, fournie par le réseau de scintillateurs. L'un des résultats de ces premières tentatives d'étalonnage est présenté en figure 2.26 et est tiré de [69]. Ces premiers résultats sont apparus extrêmement prometteurs, d'une part parce qu'ils confirmaient les potentialités de la méthode radio-détection vis-à-vis de l'estimation de l'énergie, d'autre part parce que cette estimation de l'énergie était particulièrement simple à mettre en œuvre, tout en indiquant que ces estimations radio pourraient être toutes aussi performantes que celles offertes par les techniques classiques de détection de particule au sol. Pour autant à l'aune des observations préliminaires [69], de nombreuses interrogations demeuraient, liées au caractère exponentiel (réel ou fortuit) des profils latéraux, mais aussi à la prise en compte de l'effet géomagnétique dans le calcul de l'énergie. Cette corrélation en énergie constituant l'un des points clé pour l'avenir de la technique de radio-détection, il de-

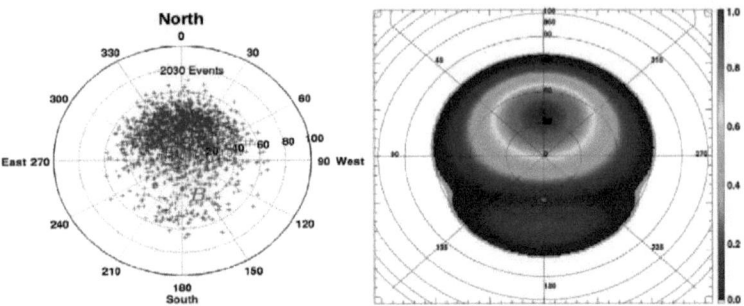

FIGURE 2.25 – A gauche, carte du ciel (θ, ϕ) montrant la distribution de direction d'arrivée des évènements détectés par CODALEMA (échantillon élargi à 2030 évènements). Le point rouge indique le champ géomagnétique à Nançay ($\theta = 27°$, $\phi = 0°$). Figure tirée de [80]. A droite, la carte du ciel avec lissage gaussien de 5° calculée en considérant la composante Est-Ouest de la force de Lorentz multiplié par l'acceptance du réseau d'antennes (la carte de couverture). L'échelle de couleur est normalisée à 1 par rapport au bin qui contient le plus grand nombre d'évènements. Figure tirée de [80].

venait incontournable d'approfondir ces analyses, d'autant que d'évidentes considérations sur la structure du signal radio suggèrent que les performances en identification du primaire doivent être étroitement corrélées à la résolution en énergie. C'est la poursuite et l'approfondissement de ces investigations préliminaires qui constituent l'un des cœurs de ce travail et du chapitre 3.

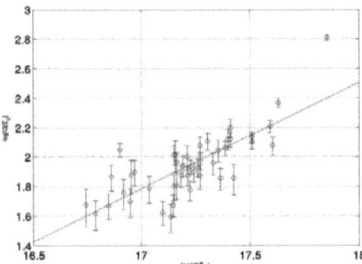

FIGURE 2.26 – Distribution de $log_{10}(E_0)$ en fonction de $log_{10}(E_p)$ pour une sélection de 44 évènements présentant des profils parfaitement exponentiels. La ligne continue représente l'ajustement linéaire $log_{10}(E_0) = a * log_{10}(E_p) + b$ des deux observables. Figure tirée de [69].

Chapitre 3

Étalonnage en énergie de l'expérience de radio-détection CODALEMA

3.1 Introduction

La connaissance précise du spectre de flux de rayons cosmiques repose sur l'aptitude à effectuer une estimation correcte de l'énergie de ce rayonnement. Pour des énergies supérieures au PeV, la mesure directe de l'énergie de la particule primaire est très difficilement réalisable et il devient nécessaire de recourir à des mesures indirectes basées sur l'analyse des caractéristiques de la gerbe atmosphérique constituée des particules secondaires. Les deux techniques couramment utilisées reposent sur l'exploitation des réseaux des détecteurs échantillonnant la densité des particules au sol (distribution latérale de la gerbe au sol), et/ou des détecteurs de fluorescence qui échantillonnent la distribution longitudinale de la gerbe lors de son développement dans l'atmosphère. Particulièrement matures au niveau technique, l'intérêt de ces deux méthodes est aussi de fournir un jeu d'observables indépendantes et complémentaires. En effet, la mesure de la densité des particules au sol peut être liée à l'énergie du primaire, via la modélisation par des codes de simulation des gerbes. Pour la détection de fluorescence, c'est la mesure du développement longitudinal de la gerbe, et notamment la détermination du maximum du profil de lumière reçue, X_{max}, qui permet de remonter à la fois à la nature de la particule et à son énergie.

Les facteurs qui limitent la précision de ces deux techniques sont de natures différentes. Concernant l'échantillonnage de la densité des particules au sol, le caractère indirect de la mesure expérimentale du primaire et le recours indispensable à plusieurs hypothèses pour l'analyse (altitude de la première interaction, modèles de gerbe et d'interaction utilisés dans les simulations, nature de la particule primaire) affectent de façon notable la précision des résultats. Pour la détection de fluorescence, la prise en compte des effets d'atmosphère (aérosol) constitue une première difficulté mais le facteur le plus limitant est la faiblesse du cycle utile qui pénalise très fortement la technique.

La technique de radio-détection propose une alternative permettant de pallier à certaines de ces difficultés, tout en reposant, à l'instar des deux techniques précédentes, sur l'exploitation d'un ensemble restreint d'observables expérimentales (amplitude et temps d'arrivée du transitoire radio sur les antennes). Elle présente, en effet, le grand intérêt de fournir des signaux qui contiennent une image de l'ensemble du développement de la gerbe (développement longitudinal et latéral) tout en présentant un grand cycle utile de détection. Comme pour la fluorescence, il est alors tentant d'essayer d'extraire des observables à la fois un estimateur de l'énergie et un estimateur de la nature du primaire.

En effet c'est en fait la connaissance de X_{max} et de l'énergie qui permet de remonter à la nature de la particule primaire. Cette information est illustrée sur la figure 3.1 qui montre les résultats d'Auger (à gauche) et de Telescope Array (à droite) sur les valeurs mesurées de X_{max} en fonction de l'énergie, superposés à différents modèles hadroniques.

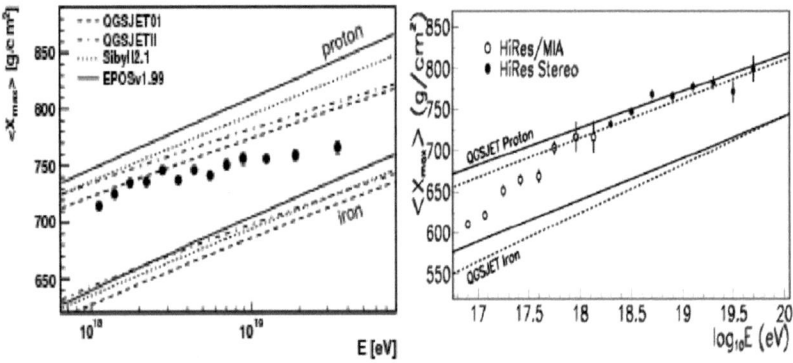

FIGURE 3.1 – A gauche, comparaison des données de l'expérience Pierre Auger (marqueurs) et des simulations monte-carlo (lignes) pour des gerbes initiées par des protons et des noyaux de fer [121]. Vu les barres d'erreurs sur les $< X_{max} >$ mesurés l'alourdissement avec l'énergie semble significatif. Les simulations utilisent différents modèles d'interactions hadroniques. A droite, la même étude pour l'expérience TA où on observe plutôt une tendance à l'allégement avec l'énergie [122].

En prenant un modèle particulier par exemple pour un rayon cosmique de type proton on voit que le X_{max} progresse d'environ $40\,g.cm^{-2}$ sur une décade en énergie, ainsi la connaissance seule de X_{max} n'est pas suffisante à déterminer la nature de ce rayon si on a affaire à un proton. Il faut aussi connaître à quelle énergie correspond cet X_{max}. Sachons alors qu'une bonne discrimination entre proton et fer nécessite une résolution en X_{max} de l'ordre de quelques dizaines de $g.cm^{-2}$ [129], la première étape consiste à montrer que la résolution en énergie obtenue en radio est compatible avec les performances nécessaires à l'identification.

C'est dans ces perspectives que nous entamons dans ce chapitre une étude d'étalonnage en énergie de l'expérience de radiodétection CODALEMA. Nous débuterons ce chapitre avec un bref rappel des différentes méthodes classiques d'estimation de l'énergie : pour la fluorescence et par la mesure de densité des particules chargées au sol. La deuxième partie, corps du chapitre, sera dédiée à notre étude de l'observable radio avec CODALEMA. Nous terminerons en comparant nos résultats à ceux obtenus précédemment ou obtenus par les autres expériences de radiodétection.

3.2 Rappel sur les méthodes d'estimation de l'énergie

3.2.1 Estimation de l'énergie par les détecteurs de fluorescence

Dans ce paragraphe, on discutera la méthode d'estimation de l'énergie du primaire pour les télescopes de fluorescence utilisés dans les expériences Pierre Auger et Telescope Array. L'avantage de cette technique est qu'elle permet une mesure calorimétrique de l'énergie de la gerbe. L'énergie calorimétrique déposée par la particule primaire dans l'atmosphère est estimée à partir de l'intégrale sur le profil longitudinal par l'expression suivante :

$$E_{cal} = N_{max} \int <\frac{dE}{dX}> f(X) dX = \frac{E_{crit}}{\lambda_0} N_{max} \int f(X) dX \,(1)$$

avec

$$f(X) = (\frac{X - X_0}{X_{max} - X_0})^{\frac{X_{max} - X_0}{\lambda}} .exp(-\frac{X - X_{max}}{\lambda}) \,(2)$$

La fonction de Gaisser-Hillas (2) décrit le profil longitudinal d'une gerbe en fonction de la profondeur atmosphérique où $<\frac{dE}{dX}>$ est l'énergie moyenne déposée par une particule chargée par unité de longueur en $g.cm^{-2}$. $\frac{E_{crit}}{\lambda_0}$ est le rapport entre l'énergie critique d'un électron dans l'air ($E_{crit} = 80\,MeV$ [1]) et sa longueur de radiation dans l'air ($\lambda_0 = 37, 1\,g.cm^{-2}$), conduisant à un taux d'énergie déposée de l'ordre de $2, 18\,MeV.e^{-1}.g.cm^{-2}$ [2]. La figure 3.2 montre un exemple d'un événement détecté par l'expérience Pierre Auger. A cette énergie électromagnétique, on doit ajouter $10\,\%$ de E_{em} pour compter l'énergie invisible (non détectée) emportée par les particules neutres de durée de vie longue et les particules dont l'énergie tombe en-dessous du seuil de thinning ($<\sim 100\,MeV$) pendant les simulations CORSIKA [102].

Dans le cas de l'expérience Pierre Auger, un bilan particulièrement précis des incertitudes statistiques sur cette mesure a été obtenu en tenant compte des incertitudes statistiques, sur le flux de lumière, sur l'énergie invisible, sur la reconstruction de géométrie de gerbe et sur les paramètres d'atmosphère à l'instant de l'événement. L'incertitude statistique est de l'ordre de $8\,\%$ et elle est constante en fonction de l'énergie E_p [100]. Les incertitudes systématiques sont de l'ordre de

---

[1]. Les pertes d'énergie par ionisation deviennent dominantes quand l'énergie d'un électron tombe en-dessous de l'énergie critique E_{crit}. L'électron est alors progressivement ralenti jusqu'à son arrêt.

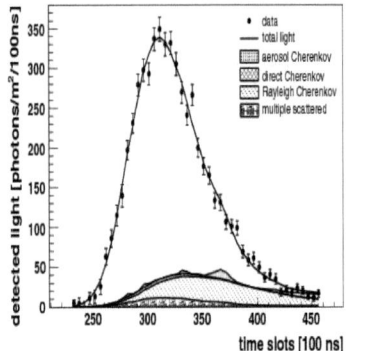 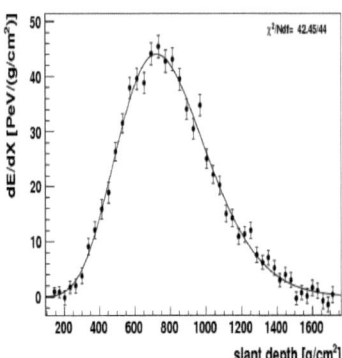

FIGURE 3.2 – A gauche, contribution des différentes sources au profil longitudinal de fluorescence par unité de temps de $100\,ns$. A droite, profil longitudinal de fluorescence en g/cm^2. Le trait noir montre l'ajustement avec la fonction de Gaisser-Hillas. L'énergie reconstruite de cette gerbe est $E_p = 3,0 \pm 0,2.10^{19}\ eV$. Figures extraites de [130].

22 %. Elles incluent plusieurs contributions : le rendement photonique pour la fluorescence de 14 %, l'étalonnage des télescopes de fluorescence 9, 5 %, la correction de l'énergie invisible 4 %, les incertitudes systématiques dans l'algorithme de reconstruction utilisé pour le profil longitudinal de la gerbe 10 %, les effets atmosphériques 6 % − 8 % [100].

Dans le cas de l'expérience Telescope Array, une méthode différente est utilisée pour obtenir un étalonnage absolu des télescopes de fluorescence. Elle repose sur l'utilisation d'un faisceau d'électrons de $40\,MeV$ [103] pour étalonner la réponse du télescope. Il ressort que les incertitudes systématiques de la mesure de l'énergie de primaire E_p sont dues aux incertitudes sur le rendement de fluorescence 11 %, les incertitudes de mesures atmosphériques 11 %, les incertitudes sur l'étalonnage 10 % et sur la méthode reconstruction de la gerbe 12 %. La somme quadratique des incertitudes donne là aussi une valeur de 22 % [104].

3.2.2 Mesure et étalonnage en énergie pour la détection au sol des particules

Les détecteurs de particules, placés au sol mesurent la gerbe à une profondeur de pénétration fixée. L'énergie est estimée à partir de la mesure du nombre d'électrons N_e et/ou de muons N_μ au sol. La densité d'électrons/positrons et/ou de muons peut être reliée à l'énergie E_p via la méthode NKG [106, 107]. Cette méthode nécessite la reconstruction du pied de gerbe au sol et l'estimation de l'angle zénithal θ [79].

La densité d'énergie déposée dans un milieu scintillateur ou émetteur de rayonnement Cerenkov est exprimée par de la quantité $S(d)$ en VEM/m^2 (Vertical Equivalent Muons par m^2). (d) correspond à la distance par rapport à l'axe de la gerbe pour laquelle les fluctuations sont minimales. Cette distance varie selon le pas du réseau de détection utilisé : par exemple $600\,m$ pour les expériences Haverah Park et Akeno/AGASA, $800\,m$ pour l'expérience Telescope Array et $1000\,m$ pour l'expérience Auger. La méthode de la mesure de l'énergie passe par la détermination de la relation $S(d) = f(E_p, \theta)$. Pour ce faire :

- Il est nécessaire tout d'abord de faire une hypothèse sur la nature du primaire (proton ou fer). Des simulations de gerbes et de réponse du détecteur sont mises en oeuvre pour modéliser la distribution latérale LDF (voir la figure 3.3) et estimer l'observable $S(1000)$ (cas de Auger). Une paramétrisation de la forme : $S(1000) \sim P(cos(\theta)).E_p^{0,95}$ est utilisée, P est un polynôme de degré 2 en $cos^2(\theta) - cos^2(<\theta>)$.
- Il est aussi nécessaire de faire l'hypothèse de l'isotropie de direction d'arrivée des primaires, afin d'estimer la dépendance de $S(1000)$ en fonction de θ (voir la figure 3.3).

Pour lever la dépendance de $S(d)$ vis-à-vis de l'angle zénithal, la méthode "Constant intensity Cut-CIC" est appliquée afin d'obtenir une observable S qui dépend seulement de l'énergie du primaire E_p. Pour se faire, seuls les N_0 évènements vérifiants la saturation de l'acceptance du détecteur c'est-à-dire :

$$\frac{dN}{dcos^2(\theta)} = Constante$$

sont pris en compte. Pour ces N_0, on cherche alors une fonction empirique $CIC(\theta)$ telle que pour chaque valeur de θ il existe un nombre constant d'évènements vérifiants $N(> CIC(\theta)) = N_0$. Dans le cas de Auger, une variable normalisée S_{38} est définit par la relation suivante :

$$S_{38} = \frac{S(1000)}{CIC(\theta)},$$

où $\theta = 38°$ est la valeur médiane dans Auger des angles zénithaux des gerbes détectées telles que $\theta \leqslant 60°$. S_{38} est indépendant de l'énergie du primaire et est retenue pour la mesure de E_p.

L'expérience Telescope Array n'utilise pas la méthode CIC mais une méthode Monte-Carlo pour tenir compte de l'atténuation de la gerbe en fonction de l'angle zénithal θ. La qualité de cette estimation repose sur 2 limitations :

- D'une part, le nombre des particules secondaires fluctue d'une gerbe à l'autre pour une énergie E_p donnée. Cette fluctuation est due à la fluctuation du point de la première interaction et de la manière avec laquelle la gerbe se développe dans l'atmosphère.
- D'autre part la description de la densité des particules secondaires au sol dépend des modèles théoriques qui prennent en compte les interactions hadroniques à haute énergie, qui ne sont pas entièrement explorées par les expériences auprès des accélérateurs. Pour ce faire, on s'appuie sur des extrapolations sur plusieurs ordres de grandeur au-delà des énergies où ces modèles sont ajustés avec les données des accélérateurs (LHC qui est l'accélérateur le plus puissant au monde, atteint une énergie de $14\,TeV$ au centre de masse, ce qui correspond à une gerbe initiée par un proton de $10^{17}\,eV$ sur une cible fixe (de proton))

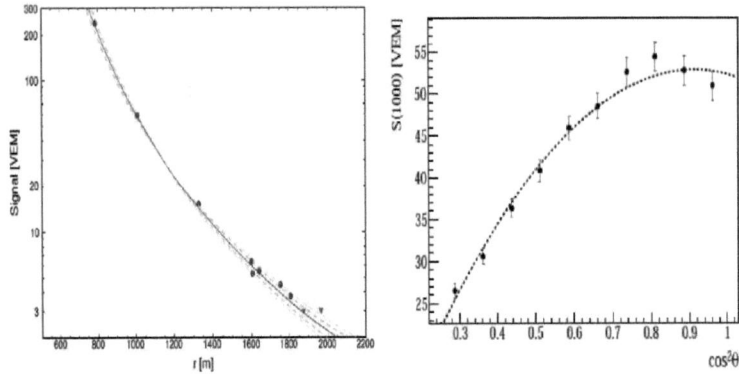

FIGURE 3.3 – A gauche, profil latéral d'un événement détecté par le réseau des détecteurs de particules de l'expérience Pierre Auger. Les marqueurs rouge indiquent les détecteurs sans signal. Figure tirée de [125]. A droite, courbe d'atténuation, $CIC(\theta)$ ajustée avec un polynôme du second degré en $x = cos^2(\theta) - cos^2(<\theta>)$.

Finalement, quelque soit la méthode utilisée, s'agissant des détecteurs au sol, les résolutions en énergie restent supérieures à 20 %. C'est pourquoi, en pratique afin de s'affranchir de ces incertitudes, les expériences Auger et Telescope Array utilise l'estimation d'énergie E_p fournie par la méthode de fluorescence pour étalonner les détecteurs de particules au sol. L'étalonnage consiste à chercher la meilleur distance (d) qui permet d'obtenir la meilleur corrélation possible entre l'énergie E_p déduite par la fluorescence (mesure plus indépendante de modèles hadroniques) et S_{38}. La figure 3.4 présente les incertitudes statistiques de la mesure en fonction de l'énergie E_p [100].

3.3 Détermination de l'énergie des gerbes avec CODALEMA

3.3.1 Mesure de l'énergie avec le réseau des scintillateurs

De manière analogue aux expériences Auger et TA, l'expérience CODALEMA utilise aussi, un réseau de scintillateurs, pour déterminer l'énergie de la gerbe E_p. En effet l'estimateur E_p est exploité pour calibrer le réseau d'antennes. Cette méthode d'étalonnage utilisant des détecteurs hybrides a été déjà utilisée par les expériences pionnières pendant les années 60 – 70 [88, 89, 90], puis à nouveau récemment dans les collaborations LOPES, AERA et Yakutsk-EAS [92, 93, 94] ainsi qu'au sein de CODALEMA [69, 70, 91]. Notre objectif a été d'obtenir :

- La loi de calibration entre E_p et le champ électrique créé sur l'axe de la gerbe ϵ_0 et extrapoler cette mesure à des énergies plus élevées > 10^{18} eV pour le détecteur radio, une gamme d'énergie accessible à un futur réseau géant d'antennes en mode auto-déclenchement.

3.3. DÉTERMINATION DE L'ÉNERGIE DES GERBES AVEC CODALEMA

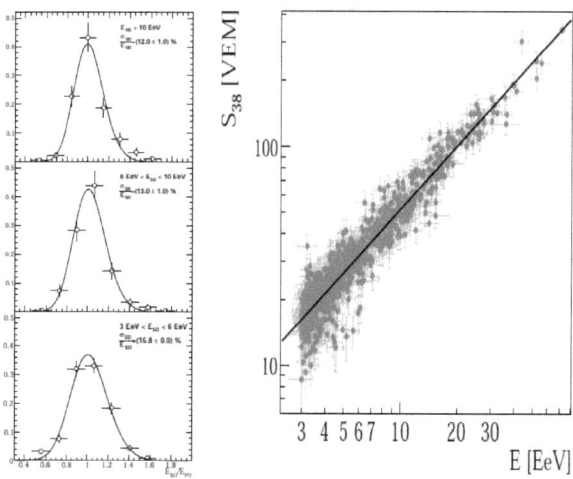

FIGURE 3.4 – Étalonnage en énergie des détecteurs d'Auger : À gauche, incertitudes statistiques en fonction de l'énergie ; 15,8 % pour des énergies entre $3\,EeV$ et $6\,EeV$, 13 % pour des énergies entre $6\,EeV$ et $10\,EeV$ et 12 % pour des énergies supérieures à $10\,EeV$. À droite, Corrélation entre l'observable S_{38} et l'énergie E_p estimée par la fluorescence pour 839 évènements hybrides AUGER utilisés dans l'ajustement. L'événement le plus énergétique a une énergie de l'ordre de 75 EeV. Figures tirée de [100].

- L'estimation de l'énergie de la particule primaire pour les événements dit "externes" de CODALEMA : évènements détectés par le réseau de scintillateurs dont les pieds de gerbe et l'énergie ne sont pas précisément mesurés.

Nous avons exposé les performances du réseau des scintillateurs dans le chapitre 2. Pour déterminer l'énergie de la gerbe [69, 78] l'expérience CODALEMA utilise un réseau de 17 scintillateurs plastiques qui mesurent la distribution d'électrons et de positrons au sol (à Nançay une gerbe verticale correspond à une épaisseur d'atmosphère traversée équivalente à $1035\,g.cm^{-2}$). L'estimation de l'énergie du primaire E_p est faite via le formalisme NKG (Nishimura – Klein – Greisen) qui permet de calculer la densité de particules au sol $\rho(r)$ [97, 98] :

$$\rho(r) = N_e \cdot \frac{c(s)}{r_0^2} \cdot (\frac{r_0}{r})^{2-s} \cdot (1 + \frac{r}{r_0})^{s-4,5}$$

où r_0 est le rayon de Molière de la gerbe électromagnétique à l'altitude de Nançay, r est la distance à l'axe de la gerbe, s le paramètre d'âge de la gerbe ($s = 1,2$ pour l'expérience CODALEMA) et

$$c(s) = 0,366.s^2.(2,07-s)^{1,25}$$

Le nombre N_e des e^-/e^+ est obtenu par minimisation de la fonction :

$$\chi^2 = \sum_{i=1}^{N_{scintillateurs}} \frac{(n_i - NKG(r_i))^2}{\sigma_{n_i}^2}$$

σ_{n_i} étant l'erreur sur le signal mesuré n_i par le scintillateur i situé à une distance r_i de l'axe de la gerbe (dans le plan du front de particules de la gerbe).

$$r_i = \sqrt{(x_i - x_c^p)^2 + (y_i - y_c^p)^2}$$

N_e varie en fonction de l'énergie, de la nature du primaire, de la longueur de la première interaction et de la direction d'arrivée de la gerbe. Ainsi le nombre d'électrons N_e d'une gerbe inclinée, (d'un angle zénithal θ) est relié à $N_e(0°)$ d'une gerbe verticale équivalente de même énergie par la formule suivante :

$$N_e(\theta) = N_e(0°).exp(-\frac{X_{profondeur-Nancay}}{\Lambda_{att}}.(cos(\theta)^{-1} - cos(0°)^{-1}))$$

Λ_{att} : la longueur d'atténuation, qui exprime la diminution de la taille de la gerbe $N_e(\theta)$ lorsque θ augmente.

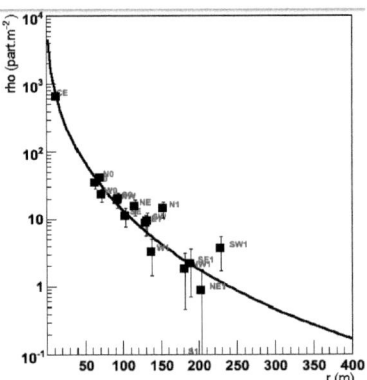

FIGURE 3.5 – Ajustement de la distribution latérale de la densité des particules d'un événement expérimental avec une fonction NKG modifiée. Figure tirée de [78].

L'expérience CODALEMA utilise des simulations des gerbes faites avec le code AIRES [78], ainsi la valeur moyenne du nombre des particules chargées au sol $< N_e(0°) >$ est prise comme estimateur de l'énergie de la gerbe $S(E)$ tel que :

$$S(E) = < N_e(0°) > = N_e(\theta).exp(-\frac{X_{profondeur-Nancay}}{\Lambda_{att}}.(cos(\theta)^{-1} - cos(0°)^{-1})) \quad (3.1)$$

Pour cela, il faut déterminer Λ_{att} et la relation qui relie l'énergie du primaire E_p et $< N_e(0°) >$:

1. Λ_{att} est déterminé par la méthode CIC (Constant Intensity Cut) qui fait l'hypothèse d'isotropie des directions d'arrivée des rayons cosmiques de haute énergie (Cette hypothèse est bien vérifiée pour la gamme d'énergie $[10^{15} \, eV - 10^{17.5} \, eV]$ qui est la gamme de CODALEMA). Dans

l'expérience CODALEMA, la valeur moyenne expérimentale est de $\Lambda_{att} = 188\,g.cm^{-2}$ très proche de celle extraite à partir de simulations AIRES $(190\,g/cm^2)$ [78].

2. La relation entre E_p et $< N_e(0°) >$ est extraite de simulation de gerbes verticales avec le code monte carlo AIRES. La valeur moyenne $< N_e(0°) >$ est obtenue à partir d'une simulation de 100 gerbes (énergie donnée et composition donnée) et pour 6 énergies différentes dans l'intervalle $10^{16} - 10^{18}\,eV$ ce qui conduit à la paramétrisation suivante :

$$E_p(eV) = 2{,}138 \cdot 10^{10} \cdot < N_e(0) >^{0{,}9}$$

En reportant cette expression dans l'équation 3.1, on obtient l'expression de E_p en fonction de la taille de la gerbe pour un angle zénithal θ :

$$E_p(eV) = 2{,}138.10^{10}.(N_e(\theta).exp(-\frac{X_{profondeur-Nancay}}{\Lambda_{att}}.(cos(\theta)^{-1} - 1)))^{0{,}9}$$

La principale incertitude sur l'estimation de l'énergie est due au phénomène de fluctuation gerbe à gerbe (fluctuations du point de première interaction et développement dans l'atmosphère). Elle est de l'ordre de 30% à $10^{17}\,eV$ (voir la figure 3.6 et [78]). Cette incertitude varie en fonction de l'énergie et elle augmente quand l'énergie diminue. Le flux des particules primaires déterminé à

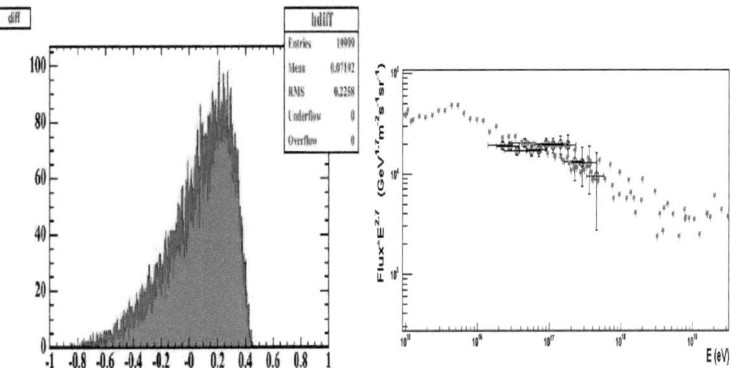

FIGURE 3.6 – A gauche, différence relative entre l'énergie estimée et l'énergie injectée par la simulation AIRES. Le maximum de la distribution est autour de $0{,}3$ [78]. A droite, flux mesuré et multiplié par $E^{2{,}7}$, $E^{2{,}7} \cdot \phi(E)$ $[GeV^{1{,}7} \cdot m^{-2} \cdot s^{-1} \cdot sr^{-1}]$ en fonction de $E(eV)$. Les points noirs correspondent aux données CODALEMA. Les étoiles rouges sont une compilation de données de rayons cosmiques. Figure tirée de [124].

partir des données est compatible avec les résultats publiés dans cette gamme d'énergie. La figure 3.6 montre que les résultats sont compatibles avec les points correspondant à l'hypothèse où les primaires sont des protons [78, 124]. On peut noter que la résolution est $\frac{\sigma_{E_p}}{E_p} < 30\,\%$ est nettement moins bonne que celle de KASCADE mais qu'elle est compatible avec la résolution utilisée pour étalonner l'expérience LOPES [58].

3.3.2 Mesure de l'énergie avec le réseau d'antennes

Toutes les études théoriques réalisées sur les mécanismes de création du champ radioélectrique prédisent clairement une corrélation entre l'énergie de la particule primaire E_p et ϵ_0 [105]. Une relation de proportionnalité est attendue dans un régime d'émission cohérent (où la puissance électromagnétique émise est proportionnelle au carré du nombre de particules chargées composant la gerbe atmosphérique). D'autre part, on sait aussi que le nombre total d'électrons dans la gerbe N_e est proportionnel à l'énergie E_p du primaire (voir partie 5 du chapitre 1). T. Huege prédit une dépendance quasi-linéaire entre l'énergie E_p et la composante est-ouest du champ électrique ϵ_0 tel que $\epsilon_0 \propto E_p^{0,96}$ et cela à différentes distances de l'axe de la gerbe comme le montre la figure 3.7. Les premières études expérimentales menées dans les années 60 ont montré des résultats

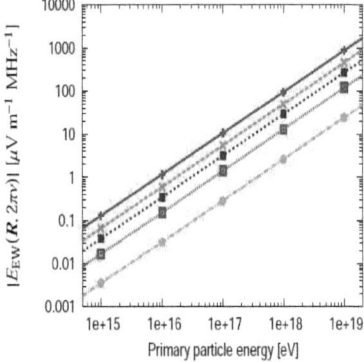

FIGURE 3.7 – Dépendance linéaire entre la composante est-ouest du champ électrique crée sur l'axe de la gerbe ϵ_0 émis à une fréquence de 10 MHz pour des gerbes verticales et l'énergie du primaire E_p. De haut en bas la distance par rapport au coeur de gerbe : 20 m, 100 m, 180 m, 300 m et 500 m. Les données simulées suivent une loi de puissance $\epsilon_0 \propto E_p^{0,96}$. La figure est tirée de [105].

différents. L'expérience BASJE [56], déployée à une altitude de 5400 m à Chacaltaya en Bolivie, a trouvé une relation linéaire entre le couple (ϵ_0, E_p) tel que $\epsilon_0 \propto E_p$. En Union Soviétique, l'expérience de l'université de Moscou [57] (encart gauche de la figure 3.8) a trouvé des indications sur une émission incohérente puisqu'avec une statistique de 4 évènements détectés l'expérience indique une dépendance non-linéaire de la forme $\epsilon_0^2 \propto E_p \Rightarrow \epsilon_0 \propto \sqrt{E_p}$. Ces premiers résultats, bien qu'incohérents étaient issus d'un nombre très faible de mesures et étaient aussi entachés d'incertitudes systématiques importantes. Si on ajoute l'absence des cartes électroniques rapides,

3.3. DÉTERMINATION DE L'ÉNERGIE DES GERBES AVEC CODALEMA

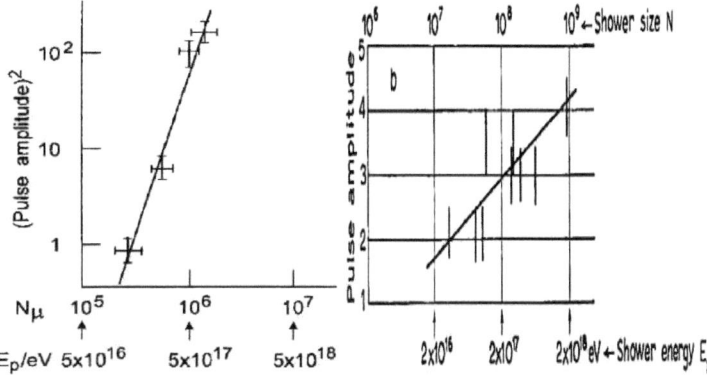

FIGURE 3.8 – A gauche, illustration de la corrélation (E_p, ϵ_0) trouvée pour 4 événements par l'expérience de radiodétection de Moscou. Figure tirée de [57]. A droite, l'expérience de radiodétection de Chacaltaya montre que l'amplitude de l'impulsion électrique suit une relation linéaire en $\propto E_p$. Figure tirée de [56].

ce sont certainement ces facteurs qui ont découragé les physiciens de l'époque pour poursuivre la radiodétection des gerbes cosmiques. Depuis les années 2000, avec la renaissance de cette méthode et grâce à l'utilisation des technologies plus performantes, des nouvelles perspectives pour mesurer l'énergie des gerbes se sont ouvertes.

S'agissant de CODALEMA, pour déterminer l'énergie E_p des cosmiques en utilisant des observables "radio", nous avons suivi la démarche suivante :
- Nous avons déterminé l'amplitude de maximum du transitoire radio détecté par les antennes ainsi que les erreurs qui entâchent cette mesure ;
- puis nous avons définit un estimateur radio de l'énergie du primaire ;
- nous avons alors calculé la loi de corrélation entre l'observable fournit par le réseau des détecteurs des particules et celle choisie pour la radio ;
- nous avons finalement introduit, comme correction, des mécanismes d'émission pour de l'estimateur radio.

Définition de l'estimateur radio de l'énergie du primaire

Par analogie avec l'estimation faite avec les détecteurs de particules, qui utilise le formalisme NKG, pour modéliser le profil latéral de gerbe de particules au sol. Nous avons défini une fonction décrivant le profil latéral du signal radio appelée RLDF (Radio Lateral Density Function) par l'intermédiaire d'une fonction exponentielle décroissante $\epsilon_i = \epsilon_0.exp(-\frac{d_i}{d_0})$ qui est calculée événement par événement. Ce type de fonction a été proposée dans les observations expérimentales synthétisées par Allan [52] :

$$\epsilon_i = \underbrace{20.(\frac{E_p}{10^{17}\,eV})}_{\epsilon_0}.sin(\alpha).cos(\theta).exp(-\frac{d_i}{d_0(\nu,\theta)})\,\frac{\mu V}{m.MHz}$$

et est aussi exploitée par la collaboration LOPES [117] et conforté par les développements théoriques récents [110, 111, 112, 113, 114, 115, 116].

Comme le champ électrique rayonné est en principe proportionnel au nombre total de particules chargées produites dans la gerbe, la plus simple hypothèse consiste à utiliser l'observable ϵ_0, qui est le champ électrique crée au niveau de l'axe de la gerbe. Pour obtenir cette quantité, la distance de chaque antenne à l'axe de la gerbe doit être au préalable calculée.

Méthode de calcul de d et ϵ_0

Le réseau d'antennes mesure une distribution de signaux électriques ϵ_i $[\mu V.m^{-1}]$ d'une manière discrète aux coordonnées $(x_i, y_i, z_i = 0)$. Le champ ϵ_0 $[\mu V.m^{-1}]$ est la valeur extrapolée du champ radioélectrique sur l'axe de la gerbe, d_0 $[m]$ est la distance de décroissance de la fonction et d_i $[m]$ est la distance entre l'antenne i et l'axe de la gerbe [2]. La figure 3.9 montre une géométrie de la gerbe et du réseau dans le cas particulier de gerbe inclinée.

$$d_i = AB = \sqrt{AC^2 - BC^2},$$

Comme les détecteurs sont tous à la même altitude et la distance du point d'observateur au pied de gerbe AC est calculée comme suit :

$$AC^2 = (x_i - x_c)^2 + (y_i - y_c)^2 + (z_i - z_c)^2 = (x_i - x_c)^2 + (y_i - y_c)^2$$

car $\forall i\; z_i = z_c = 0\,m$ et

$$BC = |\vec{AC}.\vec{n}| = \left| \begin{pmatrix} x_i - x_c \\ y_i - y_c \\ z_i - z_c \end{pmatrix} . \begin{pmatrix} cos(\phi).sin(\theta) \\ sin(\phi).sin(\theta) \\ cos(\theta) \end{pmatrix} \right|$$

$$= |(x_i - x_c).cos(\phi).sin(\theta) + (y_i - y_c).sin(\phi).sin(\theta) + (z_i - z_c).cos(\theta)|$$

$$= |(x_i - x_c).cos(\phi).sin(\theta) + (y_i - y_c).sin(\phi).sin(\theta)|$$

ce qui donne la relation désirée :

$$d_i = \sqrt{(x_i - x_c)^2 + (y_i - y_c)^2 - ((x_i - x_c).cos(\phi).sin(\theta) + (y_i - y_c).sin(\phi).sin(\theta))^2}.$$

Avec notre convention d'angles (Pour les angles azimuthaux $\phi = 0°$ vers le nord, $\phi = 90°$ vers l'ouest, pour les angles zénithaux $\theta = 0°$ au zénith, $\theta = 90°$ à l'horizon).

L'ajustement de la RLDF s'effectue en deux étapes :

---

[2]. Le mot axe de la gerbe se réfère, selon le contexte, à l'axe déduit des données particules ou radio puisque les résultats de CODALEMA montrent l'existence d'un nouveau mécanisme d'émission "l'excès de charge" responsable d'un décalage entre les deux pieds de gerbes (particules et radio) pour le même événement [123].

3.3. DÉTERMINATION DE L'ÉNERGIE DES GERBES AVEC CODALEMA

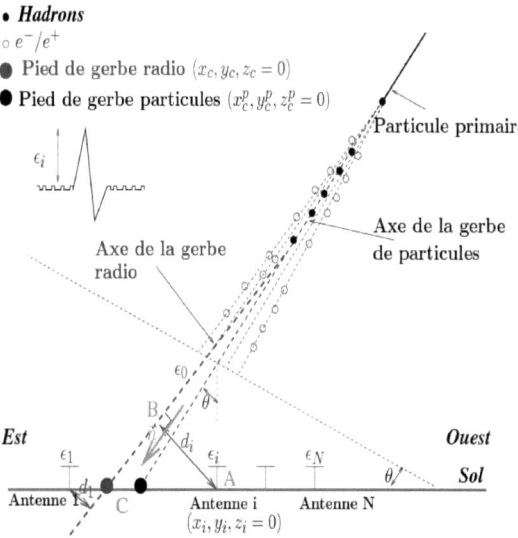

FIGURE 3.9 – Géométrie et paramètres utilisés pour reconstruire le profil latéral de la gerbe à l'aide des particules et à l'aide des signaux radio.

- En première étape, nous nous servons de l'axe de la gerbe des particules reconstruit par le réseau des scintillateurs pour calculer les distances d_i^p. Nous utilisons la direction d'arrivée (ϕ^p, θ^p) et la position dans le plan horizontal du pied de gerbe des particules de coordonnées $(x_c^p, y_c^p, z_c^p = 0)$ estimés par l'ajustement NKG. Dans ce cas et pour toutes antennes, les distances d_i^p sont égales à

$$d_i^p = \sqrt{(x_i - x_c^p)^2 + (y_i - y_c^p)^2 - ((x_i - x_c^p).cos(\phi^p).sin(\theta^p) + (y_i - y_c^p).sin(\phi^p).sin(\theta^p))^2}.$$

En considérant à ce stade le cœur particules, la RLDF ne contient que deux paramètres libres ϵ_0 et d_0. L'ajustement est effectué par la construction et la minimisation au sens des moindres carrés de la fonction du χ^2 suivante :

$$\chi^2 = \sum_{i=1}^{N_{ant-tag}} \left(\frac{\epsilon_i - \epsilon_0.exp(-\frac{d_i}{d_0})}{\sigma^{\epsilon_i}} \right)^2$$

σ^{ϵ_i} étant l'erreur sur la mesure de ϵ_i, estimée par l'écart-type du bruit radio mesuré sur chaque antenne. La somme est faite sur les $N_{ant-tag}$ antennes participant à l'événement.
- En seconde étape, nous ajustons une fonction du χ_r^2 en se basant uniquement sur des données radio. Cela introduit 4 paramètres libres pour chaque gerbe : (ϵ_0, d_0) estimés par rapport à

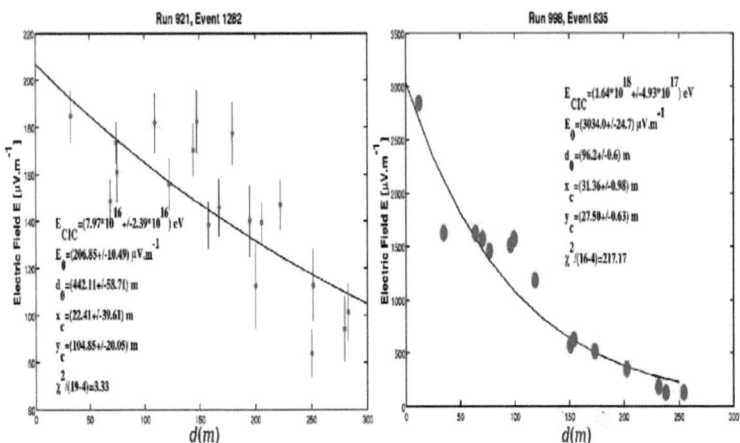

FIGURE 3.10 – Distributions latérales radio **RLDF** (sur la bande de fréquence) reconstruites à partir de signaux d'antennes. A gauche : RLDF pour un événement détecté par 19 antennes, $E_p = 8.10^{16}$ eV. Les barres d'erreurs correspondent au bruit de fond radio-galactique. A droite : Distribution latérale pour un événement d'énergie élevée, détecté par 16 antennes, $E_p = 1,6.10^{18}$ eV. Dans ce cas, les barres d'erreurs sont faibles par rapport aux signaux.

un nouvel axe appelé axe de la gerbe radio et (x_c, y_c) les coordonnées du pied de gerbe radio.

$$\epsilon_i = \epsilon_0.exp\left(-\frac{\sqrt{(x_i-x_c)^2+(y_i-y_c)^2-((x_i-x_c).cos(\phi).sin(\theta)+(y_i-y_c).sin(\phi).sin(\theta))^2}}{d_0}\right)$$

$$\chi_r^2 = \sum_{i=1}^{N_{ant-tag}} \left(\frac{\epsilon_i - \epsilon_0.exp(-\frac{d_i(x_c,y_c)}{d_0})}{\sigma^{\epsilon_i}}\right)^2$$

La direction d'arrivée de l'événement (θ, ϕ) est alors estimée à l'aide d'un ajustement plan utilisant la distribution des temps d'arrivée des signaux sur les antennes. Nous sélectionnons des événements qui ont été détectés au moins par 4 antennes. Lors de l'ajustement et pour s'assurer de la convergence vers les bons paramètres, les valeurs de ϵ_0 et d_0 estimées pendant la première étape ainsi que les coordonnées du pied de gerbe particule (x_c^p, y_c^p) sont utilisées comme conditions initiales de la minimisation.

La figure 3.10 montre un exemple d'ajustement sur deux évènements sélectionnés. L'énergie du primaire de l'événement situé à gauche est estimée à $E_p = 8.10^{16}$ eV, c'est-à-dire une valeur proche du seuil de détection du réseau d'antennes. Nous voyons que l'amplitude maximale du signal enregistré sur une antenne marquée est proche du niveau du bruit de fond radio galactique (voir la figure 3.12, en haut). L'événement situé à droite de la figure 3.10 est reconstruit avec une énergie $E_p = 1,6.10^{18}$ eV, la quantité $(\frac{\epsilon_i}{\sigma^{\epsilon_i}})^2$ qui définit le rapport signal sur bruit est plus grande que dans

3.3. DÉTERMINATION DE L'ÉNERGIE DES GERBES AVEC CODALEMA

le premier cas.

Erreurs sur les paramètres

Les erreurs sur les différents paramètres utilisés pour les ajustements sont les suivantes :

σ^{ϵ_i} : Erreur estimée de l'amplitude du maximum de l'impulsion électrique filtrée dans la bande de fréquence $[23 - 83]\,MHz$. Elle dépend de l'environnement électromagnétique du site et de la chaîne d'acquisition et d'analyse. Il est montré dans la thèse de T. Saugrin [69] que la chaîne d'acquisition et d'analyse n'intervient pas d'une manière prépondérante dans σ^{ϵ_i} et que le facteur principal est l'environnement électromagnétique. En effet, la bande des fréquences ($f < 100\,MHz$) utilisée par CODALEMA contient plusieurs sources d'émission anthropiques et naturelles clairement identifiées :

- Les émetteurs radios dans la bande AM (entre une centaine de kHz et $23\,MHz$) sont caractérisés par une longue portée (intercontinentale) et sont visibles sur le site. En conséquence, cette bande n'est pas utilisée (voir la figure 3.11).
- Les émetteurs radios dans la bande FM (entre $87,5\,MHz$ et $108\,MHz$) sont caractérisés par une faible portée mais présentent des puissances importantes par rapport aux signaux recherchés. Cette bande est aussi évitée au moment du traitement offline.
- Les sources naturelles d'émission dans la bande de détection utile $[23 - 83]\,MHz$ (le site de Nançay est protégé contre certains émetteurs anthropiques dans cette bande). Le signal radio-galactique constitue la source d'émission naturelle principale de bruit. Ce niveau de bruit caractérisé par sa déviation standard σ^{ϵ_i} est déterminée à partir de la portion de données ne contenant pas de transitoire (cf. la figure 3.12) :

$$\sigma^{\epsilon_i} = \sqrt{<(V_i^2 - <V_i^2>)^2>}$$

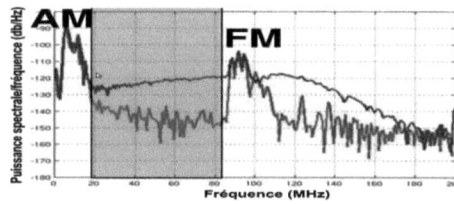

FIGURE 3.11 – Spectres en fréquence de deux évènements typiques enregistrés à CODALEMA. En bleu, spectre d'une trace contenant un transitoire radio associé à une gerbe. En rouge, Spectre sans transitoire. La zone colorée montre la bande utile utilisée pour la recherche des transitoires. Figure adaptée de [70].

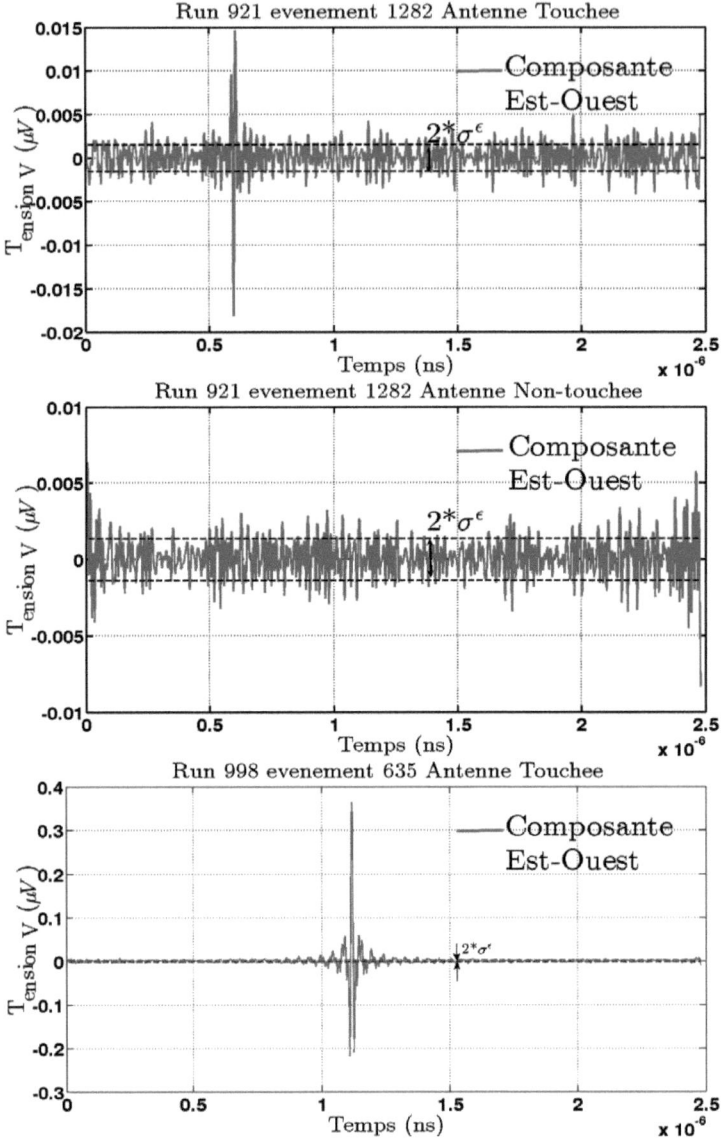

FIGURE 3.12 – Exemple de signaux radios filtrés dans la bande [23−83 MHz] pour deux évènements sélectionnés avec deux valeurs d'énergie E_p différentes. En haut, transitoire filtré mesuré par une antenne touchée pour une gerbe d'énergie $E_p = 8.10^{16}\,eV$. Au milieu, signal filtré pour le même événement mais cette fois pour une antenne non-touchée, le bruit est essentiellement constitué de l'émission galactique. En bas, transitoire filtré détecté par une antenne touchée pour une gerbe d'énergie $E_p = 1,6.10^{18}\,eV$.

3.3. DÉTERMINATION DE L'ÉNERGIE DES GERBES AVEC CODALEMA

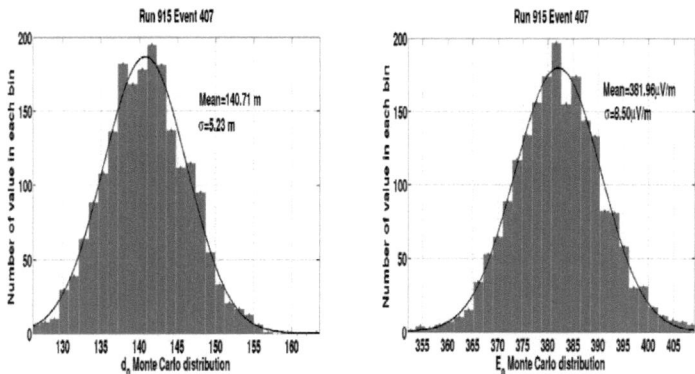

FIGURE 3.13 – Histogrammes des d_0 et ϵ_0 obtenus pour un événement par la méthode Monte-Carlo utilisée, $d_0^{estim} = 140,7\,m$ et $\sigma^{d_0} = 5,2\,m$ (à gauche) et ϵ_0, $\epsilon_0^{estim} = 381,9\,\mu V.m^{-1}$ et $\sigma^{\epsilon_0} = 8,5\,\mu V.m^{-1}$ (à droite). Figures tirées de [120].

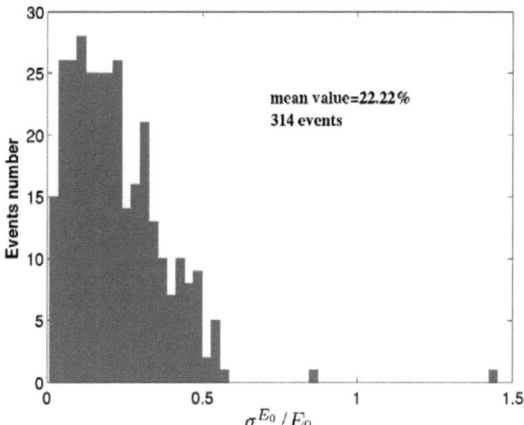

FIGURE 3.14 – Histogramme de la quantité $\frac{\sigma^{\epsilon_0}}{\epsilon_0}$ pour l'ensemble des évènements sélectionnés. σ^{ϵ_0} représente les erreurs statistiques sur ϵ_0. La figure est tirée de [83].

σ^{ϵ_0} : représente l'erreur sur l'estimation du champ électrique ϵ_0 extrapolé au niveau de l'axe de la gerbe. Deux méthodes ont été testées pour estimer cette erreur.

1. Dans un premier temps, la procédure d'ajustement est réalisée par une fonction standard de $Matlab^{TM}$ et permet d'estimer les paramètres (ϵ_0, d_0) ainsi que les erreurs (σ^{ϵ_0}, σ^{d_0}) calculées avec l'inverse de la matrice Hessienne de la fonction d'ajustement.

2. Dans un second temps, une autre méthode permet d'estimer l'erreur par des simulations monte-carlo et ceci événement par événement et pour chaque antenne. Du fait de la non-linéarité de la fonction d'ajustement, nous avons choisi d'estimer l'erreur par une méthode Monte-Carlo sur les paramètres ajustés en tirant aléatoirement 1000 valeurs de ϵ_i^{MC} suivant une loi normale de moyenne $\mu = \epsilon_i$ et d'écart type $\sigma = \sigma^{\epsilon_i}$ dans un intervalle de $\pm 3.\sigma^{\epsilon_i}$. Pour chaque événement, 1000 ajustements sont alors construits. L'erreur σ^{ϵ_0} sur ϵ_0 est déterminée à partir de l'écart type de la gaussienne utilisée pour ajuster la distribution des valeurs de ϵ_0. La figure 3.13 montre le résultat obtenu pour un événement particulier par méthode Monte-Carlo. Les grandeurs obtenues sont alors utilisées pour construire les distributions de d_0 et ϵ_0 de l'ensemble des événements.

Les résultats sont réunis dans la figure 3.14 en choisissant une erreur fonctionnelle similaire à celle utilisée pour les particules. On estime qu'en moyenne une erreur de 22% affecte l'estimation de ϵ_0 [83].

La grandeur σ^{d_0} présente l'erreur sur l'estimation de la distance d_0 de décroissance du profil de l'événement. Pendant la procédure d'ajustement, un intérêt particulier a été accordé à l'interprétation de d_0 et en particulier sa limite supérieure. En effet, 20 % des évènements présentent des valeurs de $d_0 > $ à 400 m (la distance maximale qui sépare deux antennes touchées est donnée par le bras de levier du réseau qui ne dépasse pas $600\,m$). La figure 3.15 montre la distribution de d_0 qui possède un maximum vers $156\,m$. Deux causes possibles ont été étudiées comme pouvant être à l'origine de valeurs élevées de d_0 : le dysfonctionnement de certaines antennes et des perturbations dues à la configuration de l'environnement à proximité des antennes. Après analyse, seuls 2% des évènements ont été touchés par ces perturbations [87] et ceux-ci ont été retirés de l'ensemble de données.

Corrélation et étalonnage en énergie du réseau d'antennes

Étude de la corrélation en énergie

Afin d'étudier la corrélation en énergie, dans un premier temps, nous avons simplement cherché une paramétrisation par une loi de puissance du type $\epsilon_0 \propto E_p^x$ en laissant x comme paramètre libre. En considérant les données des gerbes mesurées par CODALEMA, la distribution des points est bien ajustée par une loi de puissance de type $\epsilon_0 \propto E_p^{1.03}$ comme le montre la figure 3.16

Comme le coefficient de puissance est très proche de 1 nous avons fait le choix d'ajuster les données par une relation linéaire de type $\epsilon_0 = a.E_p + b$.

Nous utilisons alors la méthode de régression linéaire des moindres carrés en définissant le χ^2 suivant :

$$\chi^2 = \sum_{i=1}^{N}(\epsilon_{0i} - \alpha.E_{pi} - \beta)^2$$

3.3. DÉTERMINATION DE L'ÉNERGIE DES GERBES AVEC CODALEMA

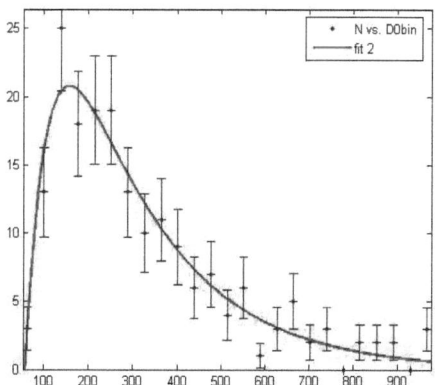

FIGURE 3.15 – La distribution du paramètre d_0, la pente du RLDF pour les événements sélectionnés. La courbe en rouge est utilisé uniquement pour guider l'oeil.

Néanmoins cette expression ne prend pas en compte les erreurs sur les deux variables E_p et ϵ_0. Pour tenir compte des erreurs événement par événement et afin de minimiser le poids des valeurs les "moins sûres", on divise donc la fonction du χ^2 par la variance de la quantité $\epsilon_{0i} - \alpha.E_{pi} - \beta$ qui s'écrit :

$$V(\epsilon_{0i} - \alpha.E_{pi} - \beta) = V(\epsilon_{0i} - \alpha.E_{pi})$$
$$= V(\epsilon_{0i}) + \alpha^2.V(E_{pi}) - 2.\alpha.Cov(\epsilon_{0i}, E_{pi})$$

On remarque que les observables E_{pi} et ϵ_{0i} sont indépendantes l'une de l'autre. En effet, nous mesurons deux observables physiques issues d'une même gerbe mais avec deux détecteurs indépendants. Cette indépendance permet d'annuler le terme non-linéaire de covariance, $Cov(\epsilon_{0i}, E_{pi}) = 0$ et ainsi de faciliter la modélisation de la corrélation. On peut tracer alors le couple (E_{pi}, ϵ_{0i}) dans un espace de phase linéaire-linéaire en supposant que les erreurs sont gaussiennes comme illustre la figure 3.13 ; $V(\epsilon_{0i}) = (\sigma^{\epsilon_{0i}})^2$ et $V(E_{pi}) = (\sigma^{E_{pi}})^2$. L'estimateur à minimiser devient alors :

$$\chi^2 = \sum_{i=1}^{N} \frac{[\epsilon_{0i} - (\alpha.E_{pi} + \beta)]^2}{[(\sigma^{\epsilon_{0i}})^2 + \alpha^2.(\sigma^{E_{pi}})^2]}$$

La figure 3.16 montre l'ajustement obtenu par cette fonction de χ^2 pour le couple (E_{pi}, ϵ_{0i}) et la corrélation linéaire entre ϵ_0 et E_p obtenu.

L'inversion de la relation linéaire $\epsilon_0 = a.E_p + b$ permet de déterminer un estimateur E_0 de l'énergie E_p en utilisant uniquement des mesures radio :

$$E_0 = \frac{\epsilon_0}{\alpha} - \frac{\beta}{\alpha} = a.\epsilon_0 + b$$

Ainsi la distribution du résidu $\frac{E_p - E_0}{E_p}$ permet d'estimer la qualité de la corrélation entre E_0 et E_p.

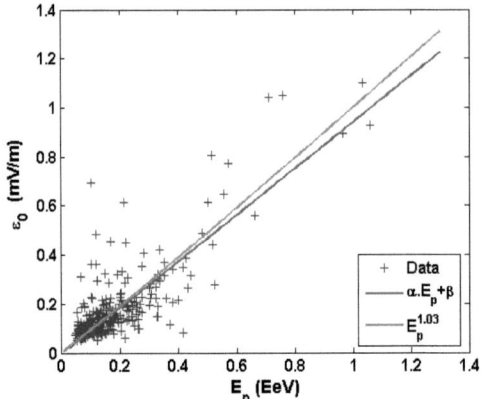

FIGURE 3.16 – Le champ radioélectrique ϵ_0 initié au niveau de l'axe de la gerbe en fonction de l'énergie de la particule primaire E_p pour le jeu de données analysées. Pour des raisons de clarté, les barres d'erreurs (30% pour E_p et 22% pour ϵ_0) ne sont pas présentées. L'ajustement linéaire est présenté par la ligne rouge, la ligne verte montre l'ajustement avec la loi de puissance $E_p^{1,03}$.

La figure 3.17 montre la forme typique de cette distribution :

$$\frac{E_p - E_0}{E_p}$$

La figure 3.17 montre que cette distribution possède une répartition étalée constituée typiquement par des évènements situés à 4.σ ou 5.σ. Un ajustement par une gaussienne sera d'autant plus difficile que la distribution ne contient que 300 évènements. Cette propriété rend l'analyse de la largeur par un ajustement gaussien peu pertinente parce que ce sont précisément les écarts par rapport au pic principal des évènements qui révèlent des effets intéressants. Pour cette raison nous avons choisi de privilégier le calcul de l'écart-type pour caractériser la dispersion des points autour de la moyenne au lieu de l'écart type de la gaussienne ajustée (cf la figure 3.18).

$$\sigma(\frac{E_p - E_0}{E_p}) = \sqrt{\frac{1}{N-1} \sum ([\frac{E_{pi} - E_{0i}}{E_{pi}}] - \mu)^2}$$
$$avec\, \mu = \frac{1}{N} \sum \frac{E_{pi} - E_{0i}}{E_{pi}}$$

3.3. DÉTERMINATION DE L'ÉNERGIE DES GERBES AVEC CODALEMA

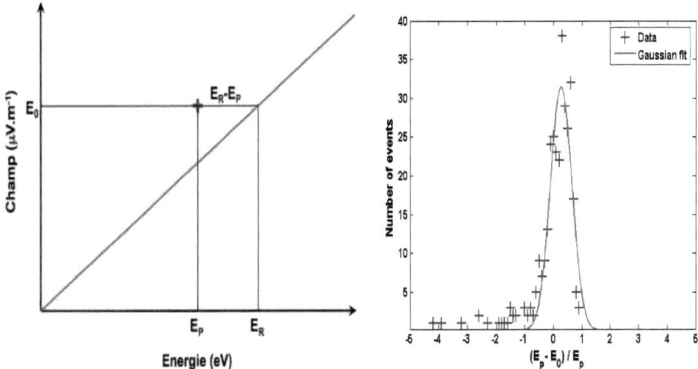

FIGURE 3.17 – A gauche, Calcul de la différence entre l'énergie déduite du champ électrique et l'énergie estimée par les scintillateurs. A droite, la distribution de la différence fractionnelle $\frac{E_p - E_0}{E_0}$ entre les énergies du primaire estimée par le réseau de scintillateurs E_p et estimée par le réseau d'antennes E_0 obtenue après l'étalonnage et pour tout les évènements sélectionnés (croix bleues). La déviation standard a une valeur de 31%. La ligne rouge montre l'ajustement gaussienne effectué dans l'intervalle $[-1, 1]$. Figure à droite tirée de [124].

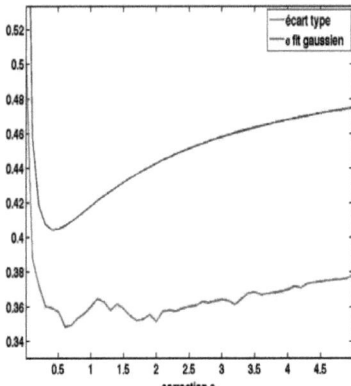

FIGURE 3.18 – Ècart-type de la distribution des résidus en fonction de différentes valeurs du facteur de correction. La résolution est calculée par l'écart type de la distribution (en bleu) et par un ajustement de cette distribution par une gaussienne dans $[-1, 1]$ (en vert) .

Facteurs de corrections

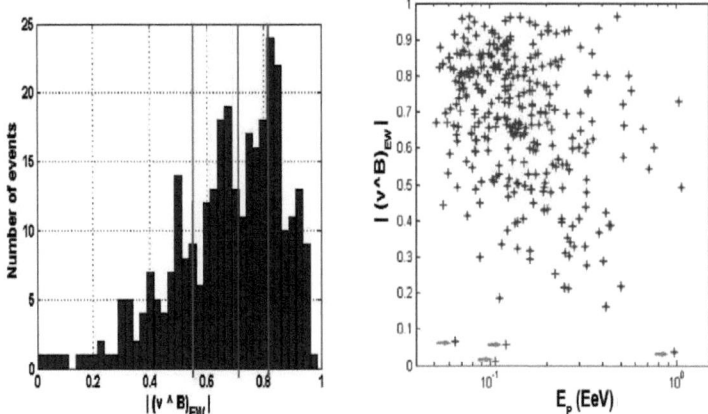

FIGURE 3.19 – Distribution de la quantité $|(\vec{v} \wedge \vec{B})_{Est-Ouest}|$ pour l'ensemble des évènements sélectionnés. La valeur moyenne de la distribution est $0,67$. Dans notre analyse, nous avons utilisé les fenêtres marquées en rouge. Les valeurs moyennes correspondantes sont $0,40$, $0,64$, $0,77$ et $0,88$.

Nous avons vu dans le chapitre 2 que le mécanisme d'émission géomagnétique est prépondérant dans l'émission du champ électrique. En effet, l'expérience CODALEMA a montré [80] que l'amplitude du champ électrique est proportionnelle à la force de Lorentz par le vecteur produit $\vec{v} \wedge \vec{B}$, où $\vec{v}$ est la direction du rayon cosmique primaire et $\vec{B}$ le champ géomagnétique orienté dans la direction nord-sud et formant un angle de 27° avec la verticale. Avec la convention d'angles utilisés pour CODALEMA, la projection du vecteur unitaire de $|(\vec{v} \wedge \vec{B})_{Est-Ouest}|$ sur l'axe est-ouest s'écrit :

$$|(\vec{v} \wedge \vec{B})_{Est-Ouest}| = |-sin(\theta).cos(\phi).cos(27) - cos(\theta).sin(27)|$$

Pour notre échantillon d'évènements, la distribution associée à cette quantité est représentée sur la figure 3.19. Cette projection permet de quantifier l'influence de ce processus d'émission.

En effet si on suppose deux gerbes initiées par deux rayons cosmiques de même nature et de même énergie mais ayant des directions d'arrivée $\vec{v}$ et $\vec{v'}$, si la première gerbe arrive du nord ($\perp$ à $\vec{B}$) et la deuxième arrive du sud ($\parallel$ à $\vec{B}$) comme l'illustre la figure 3.20, les particules chargées de la première gerbe subiront une force de Lorentz maximale et créeront donc un champ électrique élevé par rapport à la seconde gerbe pour laquelle la force de Lorentz sera minimale. On attend alors une production de signaux radio très différents en fonction de la direction d'arrivée des gerbes par rapport au vecteur champ magnétique.

Pour tenir compte de cet effet et pouvoir étudier les gerbes indépendamment de leur direction

3.3. DÉTERMINATION DE L'ÉNERGIE DES GERBES AVEC CODALEMA

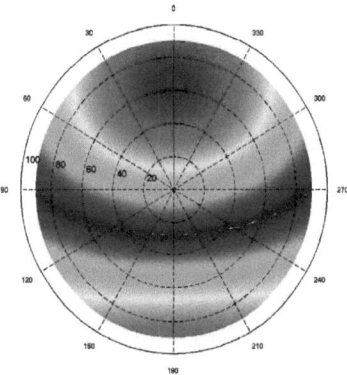

FIGURE 3.20 – Carte des amplitudes de $\vec{v} \wedge \vec{B}$ en fonction de θ et ϕ.

d'arrivée, une première correction a été apporté, l'estimateur ϵ_0 a été corrigé par l'inverse de la projection de la force de Lorentz le long de la polarisation Est-Ouest.

La figure 3.21 présente le nuage des points $\frac{\epsilon_0}{|(\vec{v} \wedge \vec{B})_{EO}|}$ en fonction de E_p. Cette correction met en évidence que les gerbes qui ont une direction d'arrivée située à proximité de celle du champ magnétique ($|(\vec{v} \wedge \vec{B})_{EO}| < 0.1$) sont surcorrigées (flèches vertes). Cette correction doit être modifiée pour produire des énergies compatibles avec E_p même si la force de Lorentz est faible.

Pour tenir compte de cette observation, une correction complémentaire a été envisagée en introduisant une constante c dans le terme correctif, conduisant à modifier l'estimateur radio de l'énergie de ϵ_0 en :

$$\epsilon_0 \to \frac{\epsilon_0}{|(\vec{v} \wedge \vec{B})_{EO}| + c}$$

Conduisant à reexperimer l'expression en fonction de l'énergie en :

$$E_0 = |(\vec{v} \wedge \vec{B})_{EO}|.E \to E_0 = |(\vec{v} \wedge \vec{B})_{EO}|.E + c.E$$

Une interprétation physique de cette contribution additionnelle peut être donnée en fonction de la valeur numérique de c. Sachons que la quantité $|(\vec{v} \wedge \vec{B})_{EO}|$ varie de 0 à 1 :

- $c = 0$ correspond à une contribution purement géomagnétique ;
- c grand (c>10) correspond au cas où l'émission géomagnétique devient négligeable par rapport au terme $c.E$.

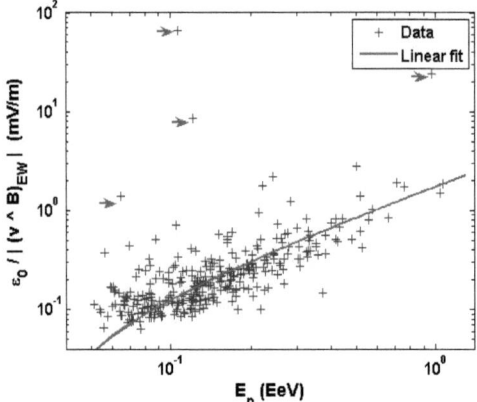

FIGURE 3.21 – Champ électrique corrigé $\frac{\epsilon_0}{|(\vec{v} \wedge \vec{B})_{EO}|}$ en fonction de l'énergie du primaire E_p. La ligne rouge représente l'ajustement linéaire. Les flèches vertes montrent les évènements sur-corrigés. L'analyse systématique indique que ces évènements ont une direction d'arrivées proche du champ géomagnétique ($|(\vec{v} \wedge \vec{B})_{EO}| < 0,1$).

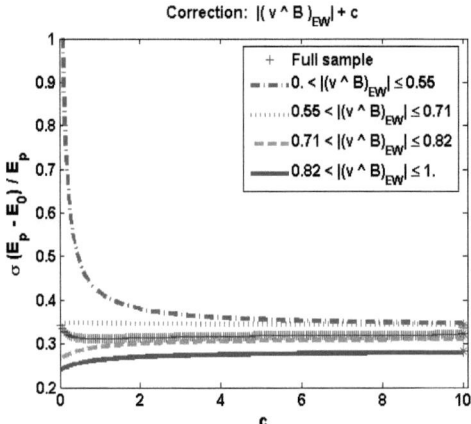

FIGURE 3.22 – Evolution de la déviation standard de la distribution $\frac{E_p - E_0}{E_p}$ avec $\frac{1}{(|(\vec{v} \wedge \vec{B})_{EO}|+c)}$ comme facteur de correction en fonction de c pour différentes échantillons de $|(\vec{v} \wedge \vec{B})_{EO}|$. La ligne bleue représente l'ensemble des évènements.

Le facteur c peut être interpreté comme étant lié à la charge totale de la gerbe, comme par exemple à processus d'émission lié à l'excès de charges négatives au cours de développement de la

3.3. DÉTERMINATION DE L'ÉNERGIE DES GERBES AVEC CODALEMA

gerbe dans l'atmosphère (en effet, les phénomènes de production des particules d'une gerbe atmosphérique comme la production de paires électrons-positrons sont symétriques, mais les positrons s'annihilent avec des électrons de l'atmosphère. Cela entraine un excès des particules chargées négativement voir le chapitre 1).

En introduisant c dans la correction nous obtenons la figure 3.22, qui montre l'evolution de $\frac{E_p - E_0}{E_p}$ en fonction de c et cela pour plusieurs échantillons des évènements analysés (en fonction des fenêtres en $|(\vec{v} \wedge \vec{B})_{EO}|$ données dans l'encart gauche de la figure 3.19). Pour tous les évènements (marqueurs bleus sur la figure 3.22), $\frac{E_p - E_0}{E_p}$ présentent un minimum pour $c = 0.95$. On remarque que les largeurs des distributions dépendent de la direction d'arrivée de la gerbe par rapport à la direction du $\vec{B}$ et de la constante c. Les valeurs de la déviation standard sont résumées dans le tableau 3.1 en fonction de la constante c.

Evènements avec $|(\vec{v} \wedge \vec{B})_{EO}|$ **grand :** Ces gerbes ont des grands angles par rapport à la direction du $\vec{B}$, dans ce cas l'écart-type est plus faible et est obtenue lorsque $c = 0$. Cela semble indiquer que c'est la correction géomagnétique qui est la plus significatif et donc que ce processus d'émission est clairement dominant dans cette région.

Evènements avec $|(\vec{v} \wedge \vec{B})_{EO}|$ **faible :** Ces gerbes arrivent à proximité de l'axe géomagnétique. La largeur minimum de la distribution est obtenue pour de grandes valeurs de c. Les faibles valeurs de c peuvent induire des écarts importants par rapport au pic central de la distribution des résidus (voir l'encart à droite de la figure 3.17). Ce comportement particulier explique pourquoi nous n'avons pas utilisé un ajustement gaussien pour la distribution des résidus $\frac{E_p - E_0}{E_p}$ comme indiqué dans la figure 3.18. Pour ces évènements la contribution de la correction avec c qui est liée directement à l'énergie de la gerbe à un effet plus important que à celui de l'effet géomagnétique.

$\sigma((E_P - E_0)/E_P)$	Uniquement $|(\mathbf{v} \wedge \mathbf{B})_{EO}|$	Correction $|(\mathbf{v} \wedge \mathbf{B})_{EO}|+0.95$	Sans correction
échantillon complète (293 évènements)	0.34	0.31 (minimum)	0.32
$< |(\mathbf{v} \wedge \mathbf{B})_{EO}| >= 0.4$ (70 évènements)	2.27	0.42	0.34
$< |(\mathbf{v} \wedge \mathbf{B})_{EO}| >= 0.64$ (79) évènements)	0.34	0.35	0.34
$< |(\mathbf{v} \wedge \mathbf{B})_{EO}| >= 0.77$ (68 évènements)	0.26	0.29	0.31
$< |(\mathbf{v} \wedge \mathbf{B})_{EO}| >= 0.88$ (77 évènements)	0.23	0.26	0.28

TABLE 3.1 – La déviation standard de la distribution $\frac{E_p - E_0}{E_p}$ en fonction du facteur de correction c variant de 0 à 10. Sous l'hypothèse d'une approximation gaussienne, l'erreur sur la déviation standard est donnée par la formule $\frac{\sqrt{2}\sigma^2}{\sqrt{N-1}}$ (pour des sous-échantillons contenant $N \approx 70$).

Ces résultats démontrent qu'il existe une forte corrélation entre l'amplitude du champ électrique sur l'axe de la gerbe ϵ_0 et l'énergie estimée par la méthode CIC E_p (malgré que cette dernière ne soit pas estimée avec une grande précision). Les variations observées de l'écart-type en fonction de $|(\vec{v} \wedge \vec{B})_{EO}| + c$ confirment la robustesse de cette corrélation et suggèrent fortement que le signal radio est fait par un mélange de plusieurs mécanismes d'émission.

Dans une seconde étape nous avons tenté d'associer ce paramètre c à un champ électrique. En raison de considérations de symétrie du champ électrique par rapport à l'axe de la gerbe radio et de nos mesures limitées à la polarisation Est-Ouest, nous nous sommes intéressés à la contribution d'une composante du champ orientée suivant cet axe comme celle induite par l'excès de charge négative dont l'amplitude est essentiellement proportionnelle à l'énergie de la gerbe. En multipliant le terme c par la projection sur l'axe est-ouest de la direction de la gerbe $(c.|sin(\theta).sin(\phi)|)$, l'expression de ϵ_0 devient alors :

$$\epsilon_0 \sim E_p.|(\vec{v} \wedge \vec{B})_{EO}| + E_p.c.|sin(\theta).sin(\phi)|$$

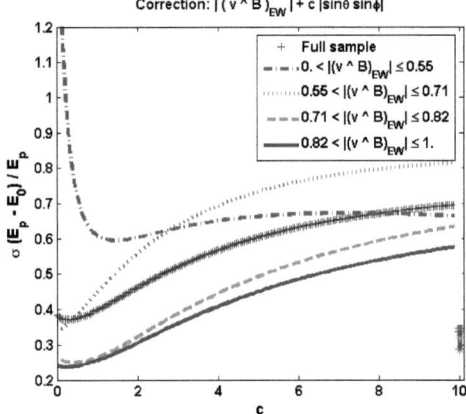

FIGURE 3.23 – Evolution de la déviation standard de la distribution $\frac{E_0-E_p}{E_p}$ avec le facteur de correction $\frac{1}{(|(\vec{v}\wedge\vec{B})_{EO}+c.|sin(\theta).sin(\phi)|)|}$ en fonction de c et $|(\vec{v} \wedge \vec{B})_{EO}|$. La ligne bleue représente l'échantillon complète. Les étoiles localisées au valeur $c = 10$ montre l'écart-type sans correction.

L'effet de cette correction est représenté dans la figure 3.23, qui présente l'écart-type de la distribution $\frac{E_p-E_0}{E_p}$ en fonction de c et pour les mêmes sous-échantillons de $|(\vec{v} \wedge \vec{B})_{EO}|$, il est clair que la qualité de corrélation s'est dégradée. Ce dernier résultat suggère que la correction avec $|(\vec{v} \wedge \vec{B})_{EO}| + c$ reproduit mieux les observations expérimentales.

Interprétations

Nos observations semblent compatibles avec plusieurs interprétations théoriques et expérimentales récentes [126, 127, 128]. Par exemple, la création du champ électrique par un mécanisme d'excès de charges implique des observations en accord qualitatif avec nos observations : l'amplitude du champ induit dépend des particules chargées produites dans la gerbe (et donc de l'énergie). Le poids de cette contribution dans l'émission totale augmente lorsque la contribution géomagnétique, régie par $\vec{v} \wedge \vec{B}$, diminue.

D'autre part, en notant que $|(\vec{v} \wedge \vec{B})_{EO}| + c$, peut être réécrit sous la forme de $|(\vec{v} \wedge \vec{B})_{EO}|.(1 + \frac{c}{|(\vec{v}\wedge\vec{B})_{EO}|})$, qui représenterait une décomposition en élément simple de ϵ_0 en fonction de $|(\vec{v}\wedge\vec{B})_{EO}|$ de la forme :

$$\epsilon_0 = E_p.|(\vec{v} \wedge \vec{B})_{EO}|(1 + \frac{c}{|(\vec{v} \wedge \vec{B})_{EO}|} + \frac{d}{|(\vec{v} \wedge \vec{B})_{EO}|^2} + ...)$$

avec c et d deux constantes, on peut interpréter le terme c comme un effet d'amplification, inversement proportionnel à la force de Lorentz. En effet, par analogie avec la déviation induite par un dipôle magnétique sur les particules chargées dans une ligne de faisceau d'un accélérateur, on pourrait considérer que l'effet de cohérence augmente lorsque les particules secondaires sont moins dispersées par la force de Lorentz (c'est à dire à petite $|(\vec{v} \wedge \vec{B})_{EO}|$) au cours de leur propagation.

Echantillon complet de 293 évènements	a (EeV/mV)	b (EeV)
Sans correction	1.03 ± 0.05	0.0083 ± 0.0004
Correction uniquement avec le terme$|(\mathbf{v} \wedge \mathbf{B})_{EW}|$ (on fixe à $c = 0$)	0.59 ± 0.06	0.0230 ± 0.0005
Correction $|(\mathbf{v} \wedge \mathbf{B})_{EW}| + 0,95$ (minimum)	1.59 ± 0.09	0.0152 ± 0.003

TABLE 3.2 – Le tableau présente les coefficients d'étalonnage en énergie en fonction du facteur de correction dans les cas, "sans correction", "avec une correction par l'effet géomagnétique seulement", "une contribution scalaire de valeur ($c = 0,95$) est ajoutée l'effet géomagnétique".

Relation d'étalonnage

Le tableau 3.2 résume les paramètres d'étalonnage (a, b) pour la configuration actuelle de l'expérience CODALEMA II, sans et avec correction. La relation d'étalonnage de ϵ_0 peut s'écrire comme suit :

$$E_0 = \frac{a}{(|(\vec{v} \wedge \vec{B})_{EO} + c|)}.\epsilon_0 + b$$

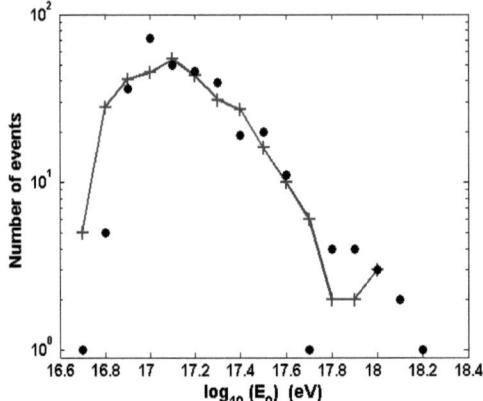

FIGURE 3.24 – Comparaison de la distribution en énergie des évènements radio. La ligne bleue représente la distribution de l'énergie estimée par le réseau de scintillateurs, pour les évènements détectés également en radio. Les points noirs représentent la distribution après l'étalonnage du signal radio en utilisant la correction $|(\vec{v} \wedge \vec{B})_{EO} + 0,95|$.

Selon les différentes corrections, la valeur de pente a de la droite varie d'environ 37%. De même, pour la valeur de l'ordonnée à l'origine, une variation relative de b de 36% est observée. Celle-ci pourrait être liée au bruit vu par les antennes qui décale l'amplitude du signal radio. Ces deux paramètres dépendent essentiellement de l'étalonnage absolu des antennes. Ils dépendent aussi de la largeur de bande de fréquence utilisée pendant l'analyse et de la réponse en fréquence de la chaîne de détection et du contenu en fréquence du transitoire.

Les valeurs (a, b) ne sont donc pasuniverselles. Elles dépendent de chaque expérience de radiodétection. Ceci suggère que l'obtention d'une relation d'étalonnage absolue, suffisamment précise et indépendante des caractéristiques de chaque expérience, ne sera possible que lorsqu'un modèle complet décrivant les mécanismes d'émission et qu'un modèle complet de la réponse du système de détection deviendront disponibles.

Les deux spectres d'énergie déduits de la méthode CIC et d'étalonnage radio, sont présentés dans la figure 3.24. Elles indiquent un accord très satisfaisante entre les deux mesures de l'énergie du primaire.

Résolution en énergie

Après avoir défini un nouvel estimateur E_0 de l'énergie du primaire par la méthode radio. Il est intéressant d'essayer de quantifier l'erreur sur l'observable E_0. Pour ce faire nous avons construit des distributions simulées de $\frac{E_p - E_0}{E_p}$ et en fixant $\frac{\sigma_{E_p}}{E_p}$. La méthode que nous avons développé ne

3.3. DÉTERMINATION DE L'ÉNERGIE DES GERBES AVEC CODALEMA

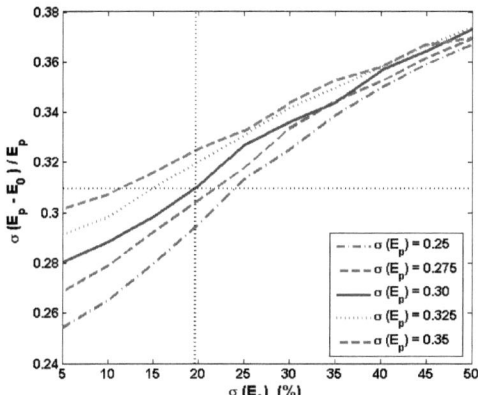

FIGURE 3.25 – Ecart-type des distributions simulées de $\frac{E_0-E_p}{E_p}$ en fonction de $\frac{\sigma(E_0)}{E_0}$ pour 5 valeurs de $\frac{\sigma(E_p)}{E_p}$ (0, 25, 0, 275, 0, 3 0, 325 0, 35). La ligne continue bleue correspond à la résolution actuelle en énergie de 30% déduite avec le réseau des scintillateurs.

permet pas d'estimer l'erreur sur E_0 événement par événement.

Nous simulons tout d'abord une distribution aléatoire de l'énergie pour les évènements détectés (voir l'encart à droite de la figure 3.6). Les couples (E_p, E_0) sont ensuite déduits.

Pour chaque valeur d'énergie E, on tire d'une manière aléatoire une valeur E_p (attribuée au réseau des scintilleurs) dans une gaussienne centrée en E et avec $\pm\sigma^{E_p}$ telque $\frac{\sigma^{E_p}}{E_p} = 30\%$, de même pour l'énergie E_0 avec $\pm 3.\sigma^{E_0}$ et avec $\frac{\sigma^{E_0}}{E_0}$ choisi pour l'étude. La distribution $\frac{E_p-E_0}{E_p}$ est construite étape par étape et enfin son écart-type est calculé. Aucune correction (ni par l'effet géomagnétique ni par la constante c) n'est introduite car le Monte-Carlo fournit E_0 directement. Les valeurs des écart-types sont regroupées dans la figure 3.25. Les résultats montrent que pour $\frac{\sigma^{E_p}}{E_p} = 30\%$, et pour garantir $\sigma(\frac{E_p-E_0}{E_p}) = 0,34\%$, une erreur relative de 20% doit être donnée pour E_0.

Discussion

Depuis les années 2000, avec la renaissance de cette méthode plusieurs expériences ont étudié cette corrélation avec des technologies plus performantes et une statistique plus grande que celles disponibles dans les expériences pionnières des années 70.

Le tableau 3.3 résume les résultats des mesures comtemporaines et confirment la corrélation que nous observons entre l'énergie et le champ ϵ_0. A l'exception de l'expérience AERA, toutes les autres corrélations utilisent la composante Est-Ouest du champ électrique pour cela l'intensité de ce dernier est corrigé avec de termes $(|(\vec{v} \wedge \vec{B}).\vec{e}_{EW}|) = (sin(\theta).cos(\phi).cos(27) + cos(\theta).sin(27))$

Expérience	Formule de corrélation	Remarques
Lopes30	$\epsilon_0 = (10,9 \pm 1,1)[\frac{\mu V}{m.MHz}](1$ $+(0,16 \pm 0,02) - cos(\alpha))$. $cos(\theta).exp(\frac{-R_{SA}}{(202\pm64)\,m})(\frac{E_p}{10^{17}\,eV})^{(0,94\pm0,03)}$	Uniquement la composante EO est mesurée
Codalema (thèse T. Saugrin)	$E_p = 10^{15,1}.(\frac{\epsilon_0}{\|(\vec{v}\wedge\vec{B}).\vec{e}_{EW}\|.cos(\theta)})^{0,96}$	Uniquement la composante EO est mesurée
Codalema (Conférence Arena 2012)	$\frac{\epsilon_0}{\|(\vec{v}\wedge\vec{B}).\vec{e}_{EW}\|} = 3.10^{-17}.E_p$	Uniquement la composante EO est mesurée
Yakutsk	$\frac{\epsilon_0}{\mu V/m/MHz} \propto (3,0 \pm 0,9)(\frac{E_p}{10^{17}\,eV})^{0,95\pm0,04}$	Uniquement la composante EO est mesurée
AERA	$E_p = (1,10 \pm 0,35).10^{15}.(\frac{\epsilon_{110\,m}}{\mu V/m})^{1,02\pm0,05}\,eV$	Le vecteur champ électrique total (3 composantes) est mesuré

TABLE 3.3 – Une compilation de corrélation effecutées par plusieurs expériences de radiodétection de rayons cosmiques. [69, 92, 93, 94].

ou bien ($\|(\vec{v} \wedge \vec{B})\|.\vec{e}_{EW}).cos(\theta)$ correction analogue à celle proposée par Allan [52] le terme $cos(\theta)$ est pour tenir compte de l'acceptance angulaire du réseau des scintillateurs. Pendant son dernier meeting à Paris en février 2013, la collaboration AERA a montré une nouvelle étude de corrélation et une méthode similaire à notre méthode (l'utilisation de deux corrections une vectorielle et l'autre scalaire) a été utilisée. Leur résolution en énergie pour la méthode radio est actuellement estimée à 30 %.

3.4 Conclusions

Nous venons de présenter dans ce chapitre une méthode pour estimer l'énergie des rayons cosmiques en utilisant la mesure du champ radioélectrique initié par les gerbes atmosphériques. Pour ce faire, nous avons utilisé le champ électrique ϵ_0 extrapolé sur l'axe de la gerbe à travers un ajustement d'une fonction exponentielle de densité latérale (RLDF). Nous avons montré qu'une relation linéaire entre cette observable et l'énergie du primaire estimée par les détecteurs des particules, ce qui permet l'étalonnage du réseau d'antennes dans la gamme des fréquences de MHz. En utilisant des résultats antérieurs sur le mécanisme d'émission par effet géomagnétique, nous avons souligné l'utilité de corriger l'amplitude du champ l'électrique.

3.4. CONCLUSIONS

L'étude de la distribution des résidus $\frac{E_p - E_0}{E_p}$, construite à partir de deux observables, a conduit à chercher les relations adéquates pour introduire une meilleure correction du signal radio. Cette démarche nous a amené à introduire l'idée d'un mélange de plusieurs mécanismes d'émission.

Dans l'état actuel de la statistique, la seconde correction introduite est proportionnelle à l'énergie de la gerbe et semble justifiée par les observations expérimentales (c'est-à-dire ne dépendent pas de la direction d'arrivée, mais uniquement de la charge de la gerbe, c'est-à-dire de l'énergie de la gerbe).

Notre première estimation de la résolution en énergie par la radio (20%) combinée avec les autres performances de radiodétection (coût, facilité d'utilisation, cycle utile, robustesse,...) suggère que la méthode peut être particulièrement intéressante.

Dans ce cadre, notons tout de même que l'un des problèmes courants avec cette méthode d'étalonnage est de savoir si le résultat expérimental est la conséquence d'une forte corrélation cachée entre les deux estimations de l'énergie, comme celle qui pourrait résulter de l'incertitude sur la profondeur de la première interaction. Ici, un aspect fondamental pourrait différencier la radio à partir des mesures des particules secondaires. Alors que la densité de particules est échantillonnée à une profondeur fixe de la gerbe, le signal radio est le résultat intégral de son développement dans l'atmosphère. Dans notre gamme d'énergie étudiée par la collaboration CODALEMA II, tout le développement (y compris à le maximum de développement de la gerbe X_{max}) est entièrement vu par les antennes. On peut donc supposer que ce phénomène ne cause pas un biais pour notre mesure.

Cependant avec l'échantillon des données limité (300 évènements) un étalonnage absolu reste difficile. Par contre, le principe de la correction introduite ne dépend pas de la forme du profil latéral du champ électrique (**RLDF**). Nous nous attendons à ce que l'utilisation d'un RLDF plus pertinent pourrait augmenter la qualité de la corrélation et donc que notre résolution en énergie actuelle correspond à une estimation pessimiste pour la radiodétection.

Chapitre 4

Localisation de la source d'émission radio

4.1 Introduction

La détermination de la nature de la particule primaire, initiatrice de la gerbe atmosphérique, demeure l'un des écueils fondamentaux de l'étude des rayons cosmiques d'ultra-haute énergie. Relevant des détecteurs de fluorescence, les incertitudes découlent du flux extrêmement faible de particules heurtant la terre (1 particule/km^2/siècle), combinées au très faible cycle utile (10%) de cette technique. Concernant les détecteurs de particules secondaires, les difficultés prennent leur origine dans le caractère très indirect de cette méthode de détection qui échantillonne uniquement la densité des particules secondaires au sol, et qui conduit à un caractère moyen des observables physiques reconstruites. Dans ce cas, l'identification repose généralement sur l'analyse du contenu hadronique et électromagnétique de la gerbe ainsi que sur l'analyse de la distribution latérale de particules, mais qui sont toutes deux fortement liées aux modèles de gerbes utilisés. Aussi l'estimation du maximum de développement de la gerbe atmosphérique X_{max} nécessite alors un grand nombre d'événements pour développer une analyse suffisamment discriminante.

Concernant la radio-détection, du fait que le développement longitudinal de la gerbe est lié à la nature du primaire, et que la forme du transitoire radio est une image du développement longitudinal complet de la gerbe dans l'atmosphère, il est espéré que la méthode radio puisse apporter une contribution déterminante dans cette problématique. Moyennant les hypothèses (indépendantes de modèles) que l'instant d'amplitude maximum du transitoire radio rend compte d'un point particulier du développement de la gerbe (comme le maximum de la gerbe) ; et qu'il soit possible d'observer un front d'onde radio courbe (un front d'onde sphérique), la localisation de la source apparente de l'émission radio doit fournir un estimateur lié au X_{max} et ceci évènement par

118 CHAPITRE 4. LOCALISATION DE LA SOURCE D'ÉMISSION RADIO

évènement [1].

Malgré cette perspective, jusqu'à aujourd'hui les caractéristiques temporelles du front d'onde radio sont restées mal déterminées, bien que leur détermination pourrait être considérée comme l'une des premières étapes pour identifier la particule primaire. Deux aspects ont sans doute collaboré à différer ces investigations. Tout d'abord, l'utilisation systématique d'une approche hybride lors de la détection des gerbes atmosphériques (constituée d'un réseau de détecteurs de particules classique au sol superposé à un réseau d'antennes, ainsi que d'une acquisition centralisée) ont permis la détermination d'un grand nombre de caractéristiques de la gerbe (direction d'arrivée, position du pied de gerbe, profil latéral du champ électrique, ou énergie de la particule primaire) sans nécessiter une connaissance approfondie de la structure temporelle du front d'onde radio. D'autre part, jusqu'à récemment les extensions spatiales des réseaux déployés (de l'ordre de la fraction de km^2) ont limité la nécessité de développer des méthodes de trigger et d'identification intrinsèquement radio des UHECR. Aujourd'hui, le déploiement d'une nouvelle génération d'expériences (CODALEMA, AERA, TREND) basée sur une technologie de radio-détection autonome a radicalement modifié les conditions expérimentales en induisant de nouvelles contraintes sur l'identification des évènements "gerbe".

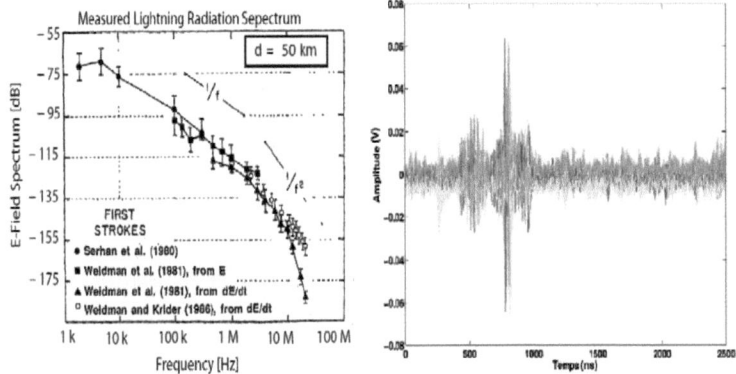

FIGURE 4.1 – À gauche, spectre du rayonnement électrique initié par la foudre [132]. À droite, transitoires radio filtrés enregistrés par 3 antennes, associés à des orages : (Formes d'onde jaune-rouge-vert) [70].

En effet, plusieurs indications expérimentales indiquent que la technique de détection radio autonome est soumise à de sévères limitations pour l'identification des RCUHE car elle peut être

---

1. Une autre direction d'analyse est aussi actuellement suivie par la communauté et repose sur l'interprétation de la distribution latérale de l'amplitude du signal radio. Cependant ces interprétations sont fortement dépendantes des modèles de simulation [131]. Dans ce travail nous présentons une direction d'investigation différente, reposant sur une analyse temporelle du front d'onde radio.

particulièrement sensible aux effets d'environnement extérieur [133]. En pratique, ces effets sont dus aux signaux parasites induits par l'activité humaine (les lignes électriques haute tension, les transformateurs électriques, les voitures, les trains et les avions) ou les conditions météorologiques (orages et foudres). En exemple, la figure 4.1 montre des traces filtrées enregistrées sur des antennes CODALEMA pendant le passage d'un orage. Ces sources de bruit émettent des transitoires électriques à large bande et elles constituent la source de bruit principale dans la bande utile de détection. Bien qu'en principe discernables des signaux de gerbes, ces transitoires peuvent être à l'origine de mauvaise identification, notamment au niveau du trigger. Dans ce contexte, l'identification de positions de sources d'émission est cruciale pour permettre la suppression des évènements dus au bruit de fond et l'identification des vrais candidats de gerbes atmosphériques.

Ce chapitre contient une étude de la localisation de la position d'une source émettrice d'onde électromagnétique dans le contexte d'une expérience radio. Notre étude se base sur l'analyse des données expérimentales et des outils de calcul numérique. C'est pourquoi, après avoir dressé un rapide bilan des observations expérimentales (un rappel rapide des fondements mathématiques utilisés dans notre étude est donné en annexe). Nous montrons ensuite que la formulation du problème de localisation de l'émission sphérique, reposant sur les observables expérimentales que nous avons exploitées, peut devenir un problème mal posé au sens d'Hadamard [2] suivant la position de la source (cf annexe), mais que les propriétés fondamentales de la fonction objectif permettent néanmoins de dégager de nouvelles pistes d'analyse. Parmi ces différentes possibilités de développement, nous présentons une première investigation visant à développer un nouvel algorithme de localisation des sources qui contourne partiellement les difficultés déjà rencontrées.

4.2 Motivations expérimentales

L'objectif est de différencier des signaux provenant de sources de bruit de fond des transitoires radio émis par les gerbes. Pour ce faire nous discuterons tout d'abord la pertinence de l'hypothèse d'un front d'onde sphérique. Puis nous examinerons une compilation de résultats de localisation de sources dans le cas de 3 expériences en mode déclenchement autonome.

4.2.1 Émission anthropique

D'après les analyses des données de CODALEMA III réalisées dans cette thèse (représentée dans la figure 4.4, à gauche) et des analyses effectuées par A. Lecacheux (cf figure 4.4, à droite), on remarque que plusieurs sources anthropiques sont proches du réseau (km). Une émission est dite en champ lointain lorsque la source se trouve à une distance supérieure à $r_{lim} = 2D^2/\lambda$, D étant la taille caractéristique du réseau d'antennes ($D = 300\ m$ dans l'exemple de la figure 4.2). Dans ce

---

[2]. Jacques Hadamard est un mathématicien français (1865 − 1963) qui a donné une définition rigoureuse d'une étude mathématique d'un problème physique en l'occurence un problème inverse d'identification.

cas, le front d'onde peut être assimilé à un plan. À une distance inférieure à r_{lim}, l'émission est dite en champ proche, dans ce cas le front d'onde est courbé. Le calcul de la quantité r_{lim} dans le cas de

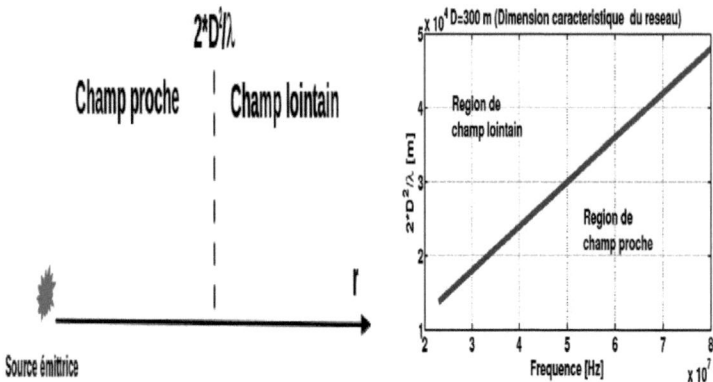

FIGURE 4.2 – À gauche, définitions de champ proche et champ lointain. À droite, courbe de la quantité $r_{lim} = 2D^2/\lambda$ en fonction de la fréquence f dans l'intervalle [23, 80 MHz], λ étant la longueur d'onde.

l'expérience CODALEMA (dimension du réseau de 300 m et bande utile [23, 80 MHz]) prouve que ces sources se trouvent dans une région d'un champ proche et émettent une onde sphérique. Il est donc justifié d'utiliser un ajustement sphérique dans l'algorithme de localisation (cf la figure 4.2). Notons que le soleil peut être considéré comme une source d'onde plane ce qui motive l'utilisation de son émission pendant les périodes d'éruption solaire pour calibrer la résolution angulaire du réseau CODALEMA [76].

4.2.2 Courbure du front d'onde de la gerbe radio

Dans le cas des gerbes atmosphériques, il fallait mettre en évidence la courbure apparente du front d'onde. En effet, selon une première approximation, le front est supposé plan et perpendiculaire à l'axe de la gerbe. On peut alors estimer la direction d'arrivée par un ajustement plan linéaire comme discuté dans le chapitre 2. La direction d'arrivée est calculée en comparant les différences de temps mesurés par chaque antenne i Δt_i^{exp} avec les différences de temps prédits Δt_i^{theo}.

Le maximum d'amplitude des impulsions filtrées sur chaque antenne, permet la mesure du temps d'arrivée expérimental *le vrai temps* noté t_i^{max}. Le délai expérimental s'est écrit : $\Delta t_i^{exp} = t_i^{max} - t_{ref}$, t_{ref} étant une référence de temps arbitraire (par exemple le temps de passage de l'onde dans la première antenne touchée dans l'événement considéré). Δt_i^{theo} et Δt_i^{exp} sont utilisés pour effectuer le test de l'hypothèse de planarité du front d'onde.

Méthode de calcul du délai théorique : si l'on suppose que l'onde se déplace à

4.2. MOTIVATIONS EXPÉRIMENTALES

la vitesse c et que les antennes sont coplanaires (dans le cas contraire la minimisation n'est plus linéaire) on peut calculer Δt_i^{theo} :

$$\Delta t_i^{theo} = t_{ref} - \frac{ux + vy}{c},$$

où $u = \sin\theta \cos\phi$ et $v = \sin\theta \sin\phi$. On obtient u et v par inversion du système linéaire obtenu suite à la minimisation de $\sum_i (\Delta t_i^{exp} - \Delta t_i^{theo})^2$.

Pour un événement typique, la comparaison du Δt_i^{exp} et Δt_i^{theo} permet alors de tester l'hypothèse de planarité du front d'onde de la gerbe. Un exemple de cette comparaison est présenté à la figure 4.3 (à gauche) où l'on peut constater un écart net entre ces deux grandeurs, indiquant que le front d'onde n'est pas correctement décrit par un plan et que le front d'onde est mieux décrit par une surface sphérique correspondant à une région d'émission du signal située à une distance R_s du sol et ceci suivant la direction d'arrivée. Pour vérifier cet effet, des simulations de la propagation du signal à partir du centre d'émission ont été réalisées par une onde sphérique en s'approchant des conditions réelles de détection en termes de résolution temporelle. La figure 4.3 (à droite) montre une simulation où nous avons utilisé les mêmes paramètres de l'événement et pour un centre d'émission distant de 3, 5 et 10 km du sol : Nous constatons également que les valeurs de Δt_i^{theo} se rapprochent de celles de Δt_i^{exp} pour une grande distance (10 km) dans ce cas, l'émission devient en champ lointain, en bon accord avec une onde plane.

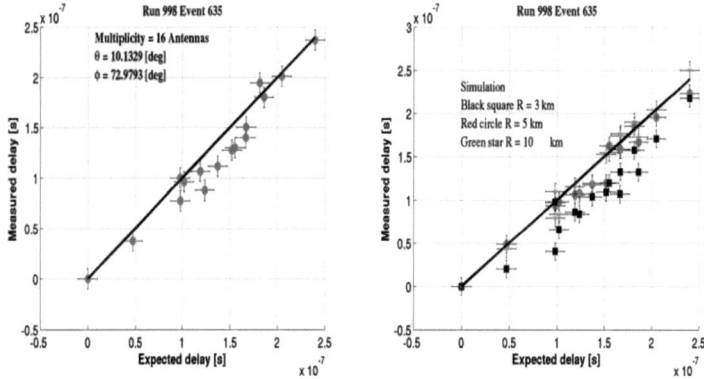

FIGURE 4.3 – La ligne noire présente l'ajustement du front d'onde par un plan, On constate que malgré les barres d'erreur de $10\,ns$ sur les deux axes, plusieurs points s'éloignent systématiquement de l'ajustement ce qui montre que le front d'onde n'est pas un plan. À gauche, exemple du test appliqué sur un événement détecté par CODALEMA. La largeur des distributions des points est de l'ordre du km. À droite, exemple du test appliqué sur des simulations de la propagation sphérique à partir d'un point source situé à 3, 5 et 10 km du réseau d'antennes.

4.2.3 Observations expérimentales

Bien que la technique de radio-détection avec un trigger radio autonome ne soit pas encore mature, des tests de faisabilité ont débuté sur quelques sites dans le monde, comme sur l'expérience CODALEMA à Nançay [133], l'expérience AERA sur le site de l'expérience Auger en Argentine [134] et l'expérience TREND en Chine [135]. Les premières observations avec ces équipements, actuellement les plus en pointe dans cette thématique, nous ont permis de dresser un premier état des lieux concernant l'identification des sources des transitoires radio.

Pour un front d'onde sphérique, la technique couramment utilisée pour extraire ce rayon de courbure repose sur le calcul d'une fonctionnelle, à partir de la relation de propagation :

$$t_i = t_s + \frac{\sqrt{(x_i - x_s)^2 + (y_i - y_s)^2 + (z_i - z_s)^2}}{c}$$

où (x_i, y_i, z_i, t_i) est la position et le temps de réception de l'antenne i, (x_s, y_s, z_s, t_s) la position et le temps d'émission de la source, et c la vitesse de l'onde considérée constante.

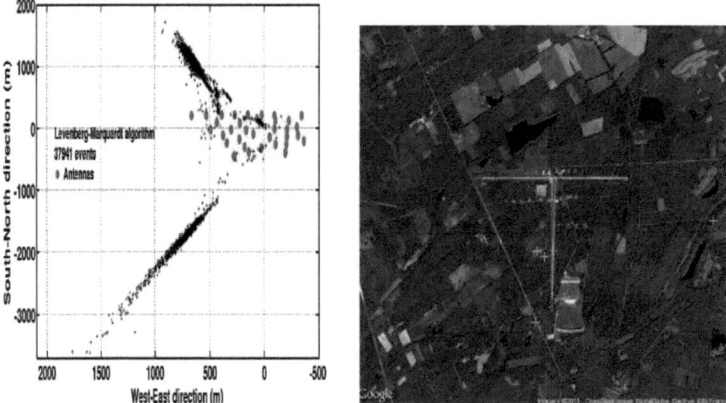

FIGURE 4.4 – À gauche, résultats de reconstruction de deux sources émettrices fixes au sol observées par le réseau de stations autonomes de l'expérience CODALEMA. La minimisation fait appel à l'algorithme Levenberg-Marquardt. À droite, les positions reconstruites de sources de RFI sur le site de l'expérience CODALEMA à Nançay (croix jaune). Figure à droite tirée d'une présentation interne de la collaboration CODALEMA.

Observations avec CODALEMA : La figure 4.4, à gauche montre un exemple typique d'une reconstruction des sources obtenues avec l'expérience CODALEMA [136], en utilisant une minimisation d'onde sphérique. Cette observation utilise le réseau de radio-détection autonome constitué de 34 stations [137] équipées de deux antennes "papillons" capables d'enregistrer simultanément les deux polarisations horizontales de champ électrique Nord-Sud et Est-Ouest. Pour chaque station,

4.2. MOTIVATIONS EXPÉRIMENTALES

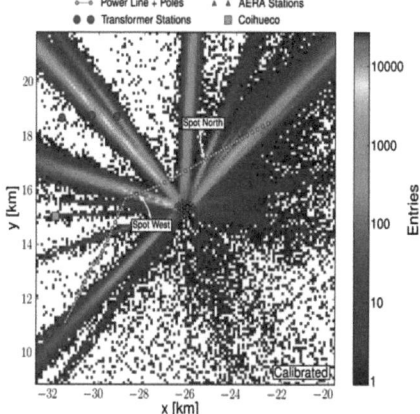

FIGURE 4.5 – Résultats typiques de reconstruction de sources anthropiques situées au sol observées par l'expérience AERA. Figure tirée de [134].

la mesure des formes d'onde est subordonnée à un trigger basé sur un seuil en tension analysé par un comparateur dans la bande $[45-55\,MHz]$. Les temps d'arrivée sont datés par technique GPS qui autorise une résolution temporelle de $\sigma^t = 5\,ns$ [133]. Les évènements présentant au moins 4 stations en coïncidence temporelle ont été retenus pour l'analyse. La fonction objectif décrivant le développement de l'onde sphérique (incluant 4 paramètres libres) est :

$$\chi^2 = \sum_{i=1}^{N} \left[(x_0 - x_i)^2 + (y_0 - y_i)^2 + (z_0 - z_i)^2 - c^2(t_0 - t_i)^2 \right]^2$$

La minimisation de la fonction de χ^2 est réalisée via un algorithme de Levenberg-Marquardt. Les résultats de reconstruction mettent en évidence un comportement inattendu. En effet pour une source d'émission fixe, alors que l'on s'attendrait à observer une tâche bien localisée sur le sol, les points reconstruits sont distribués sur une demi-droite pointant vers le milieu du réseau d'antennes et dont la direction est orientée vers la position réelle de la source [3]. La comparaison entre les positions de sources reconstruites et la carte géographique du site de Nançay montre que (figure 4.4, à gauche) les deux demi-droites pointent vers un transformateur électrique (la source du secteur sud-ouest) et vers un portail électrique à l'entrée d'une maison (la source au nord-ouest). Ces sources sont extérieures au réseau de détection. La topologie des points suggère que la méthode de reconstruction amène des grandes incertitudes sur les positions reconstruites (biais et largeur de distributions). On pourra aussi noter que les directions d'arrivée déduites d'un ajustement plan ($\theta^{plan}, \phi^{plan}$) ou déduites d'un ajustement sphérique ($\theta^{sphe}, \phi^{sphe}$) sont très similaires.

---

3. Nous montrerons plus loin dans ce chapitre que ces demi-droites possèdent les bonnes directions d'arrivée (non-biaisées) et pointent vers le barycentre des antennes touchées.

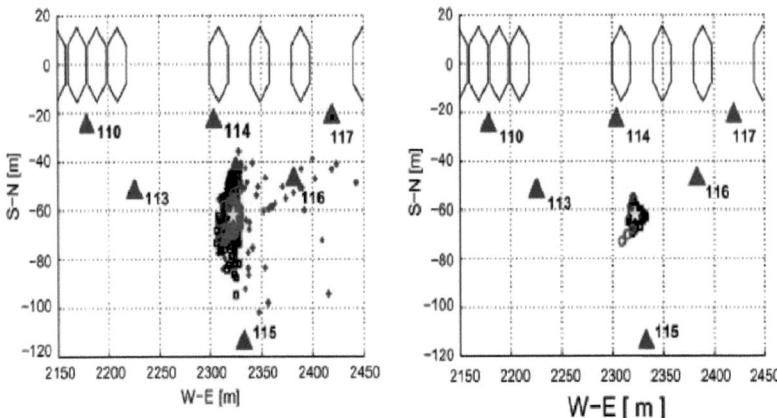

FIGURE 4.6 – Résultats typiques de reconstruction de sources anthropiques situées au sol observées par l'expérience TREND pour 1642 évènements. Les positions d'antennes sont indiquées par les triangles bleus. La source, immobile, est placée à l'intérieur du réseau. Les positions reconstruites sont indiquées par un code de couleur en fonction de la multiplicité des antennes utilisées (croix bleues, noires et rouges pour 4, 5 et 6 antennes respectivement). La position vraie de la source est indiquée par l'étoile jaune. Figure tirée de [135].

Observations par AERA : De tels motifs sont aussi observés dans d'autres expériences de radio, comme par exemple avec l'expérience AERA [134, 138]. La figure 4.5 présente les résultats d'une compilation d'évènements reconstruits par reconstruction sphérique de sources RFI observés par cette expérience. Les évènements sélectionnés ont touché au moins 5 antennes et ont un angle zénithal supérieur à 60° [134]. La fonctionnelle utilisée, qui est pondérée par les erreurs sur la mesure du temps sur les antennes, est :

$$\chi^2 = \sum_{i=1}^{N} \left[\frac{((\tau_i - \tau_0) - (t_i - t_0))^2}{(\sigma_i)^2} \right] + \frac{(1-\gamma)^2}{(\sigma_\gamma)^2}$$

La propagation s'effectue avec une vitesse $v = \gamma c$. Dans le cas où $\gamma \neq 1$, le facteur $\frac{(1-\gamma)^2}{(\sigma_\gamma)^2}$ représente la contribution de la déviation par rapport à la vitesse de la lumière. Le facteur τ_0 est la moyenne des temps d'arrivée sur les antennes [134]. La minimisation de la fonction de χ^2 est réalisée via deux algorithmes : Migrad et Simplexe du logiciel Minuit (Root-Cern). La figure 4.5 présente une vue générale de la répartition des positions reconstruites des sources sur le site de l'expérience. La région analysée couvre une surface de $13 \times 13\,km^2$. L'échelle des couleurs logarithmique indique la densité des points reconstruits. Bien qu'un accord satisfaisant existe avec les directions des positions connues de certaines sources de bruit sur le site, les distributions de points "en fuseau" se comportent d'une manière similaire à celles observées dans l'expérience CODALEMA, et l'interprétation des observations reste difficile. L'extension longitudinale des sources reconstruites plaide à nouveau pour un effet de dégénérescence des solutions de la fonction minimisée. Il est cependant intéressant de relever que les distances des sources observées sont significativement plus importantes que celles observées dans l'exemple de l'expérience CODALEMA. Dans ce cas, la courbure des fronts d'onde est donc significativement plus grande et il est possible d'imaginer que l'erreur de reconstruction puisse devenir plus importante.

Observations par TREND : La dernière illustration expérimentale est celle de l'expérience Trend [135]. La figure 4.6 présente les résultats de reconstruction d'une source fixe de transitoires radio, intentionnellement positionnée au sol au milieu du réseau d'antennes. La fonctionnelle utilisée est :

$$\chi^2 = \sum_{i=1}^{N} \left(t_i - t_0 - \frac{||\vec{X_i} - \vec{X_0}||}{c} \right)^2$$

La minimisation est réalisée via un algorithme de Levenberg-Marquardt. L'algorithme utilisé reproduit de manière raisonnable la position de la source interne au réseau. Cependant, compte-tenu des conditions d'observation, la meilleure qualité de la reconstruction pourrait aussi découler de la proximité de la source d'émission, qui induit une courbure forte du front d'onde sphérique. Il semble que la position de la source par rapport au réseau d'antennes joue un rôle important dans la convergence des codes de reconstruction.

La synthèse des observations expérimentales : Ces résultats montrent que :

- Si la source ne se trouve pas à l'intérieur du périmètre du détecteur, la source d'émission est reconstruite avec une erreur importante, une dégénérescence apparaît.

- La procédure de minimisation (algorithme ou/et fonction objectif) détermine moins correctement la distance de la source $R_s = \sqrt{x_s^2 + y_s^2 + z_s^2}$ qu'elle ne détermine la position angulaire de l'émission (l'angle zénithal $\theta = \arcsin(\sqrt{(\frac{x_s}{R_s})^2 + (\frac{y_s}{R_s})^2})$ et azimutal $\phi = \arctan(y_s/x_s)$).

- Une analyse statistique additionnelle sur la distribution des points reconstruits (qui semblent répartis sur une demi-droite joignant la source au réseau) permet dans les cas les plus favorables d'extraire une estimation de la distance de l'émission (maximum, moyenne de la distribution, etc), quand le nombre de réalisations est grand.

- Par contre, un évènement cosmique étant une réalisation unique des observables détectées (l'instant d'arrivée et l'amplitude de crête sur chaque antenne), l'interprétation de ces méthodes de reconstruction pour identification d'une source ponctuelle (position du X_{max}) et le recours à une analyse statistique sur un seul point n'est plus envisageable.

C'est pourquoi, l'ensemble de ces observations nous ont poussé à analyser plus en détails les différents paramètres et outils mis en œuvre dans les algorithmes de reconstruction, en partant de l'hypothèse qu'il n'allait pas de soi que ces outils soient robustes, d'une part vis-à-vis des équations sphériques utilisées, et d'autre part vis-à-vis des incertitudes que nous avons sur l'expérience, et notamment l'erreur temporelle associée à la mesure du temps d'arrivé sur les antennes. Pour vérifier nos hypothèses, nous avons tout d'abord développé une simulation de la reconstruction afin de tester la réalité des observations expérimentales vis a vis de ces paramètres.

4.3 Simulations

4.3.1 Description de la simulation

Nous avons étudié les performances des méthodes de reconstruction vis à vis des différents paramètres rencontrés : direction d'arrivée des sources, résolution temporelle, conditions initiales, configuration du réseau et algorithmes de minimisation.

Pour ce faire, nous avons utilisé un réseau minimal, constitué de 5 antennes déployées aux positions fixées $\vec{r_i} = (x_i, y_i, z_i)$ figure 4.7 et de géométrie similaire à ceux en opération. Ce nombre d'antennes utilisées a été choisi de façon à être supérieur au nombre des paramètres libres du modèle de reconstruction (4). Il présente aussi l'intérêt de correspondre à une multiplicité d'antennes généralement observée au seuil de détection dans les expériences actuelles.

En considérant la propagation d'une onde sphérique émise à un instant t_s depuis une source S ponctuelle située en $\vec{r_s} = (x_s, y_s, z_s)$, l'instant de réception t_i sur l'antenne $i \in \{1, ..., N\}$ peut être exprimé par la relation :

$$t_i = t_s + \frac{\sqrt{(x_i - x_s)^2 + (y_i - y_s)^2 + (z_i - z_s)^2}}{c} + G(0, \sigma_t)$$

$G(0, \sigma_t)$ représente l'erreur tirée d'une loi normale de densité $\frac{1}{\sigma_t\sqrt{2\pi}}e^{-\frac{1}{2}(\frac{t}{\sigma_t})^2}$ centrée en $t = 0\,s$ et de déviation standard σ_t afin de rendre compte d'une résolution temporelle dans la détection (qui dépend de la méthode d'analyse des données et des spécifications technologiques du système de datation utilisé).

Nous avons utilisé 3 résolutions temporelles différentes :

- $\sigma_t = 0\,ns$: correspond au cas idéal.
- $\sigma_t = 3\,ns$: reflète la performance optimale dans l'état actuel de l'art en supposant une résolution temporelle proche de $1\,ns$ (comme indiqué dans [139]) et l'effet d'une erreur raisonnable de $1\,m$ due au positionnement des antennes.
- $\sigma_t = 10\,ns$: simulant la résolution temporelle d'une expérience comme CODALEMA II avec un filtrage dans la bande $[23-84]\,MHz$ [137].

4.3. SIMULATIONS

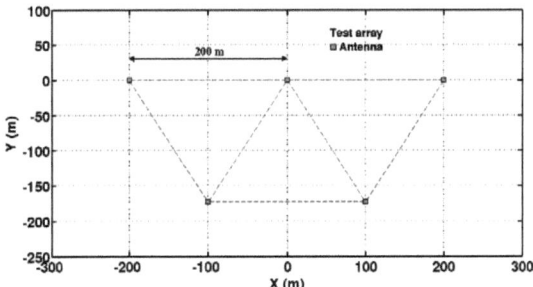

FIGURE 4.7 – Le réseau prototype utilisé pour les simulations et les reconstructions. Il contient 5 antennes déployées sur une géométrie triangulaire de pas égale à 200 m. La position des antennes est tirée dans une distribution uniforme de 1 m de largeur.

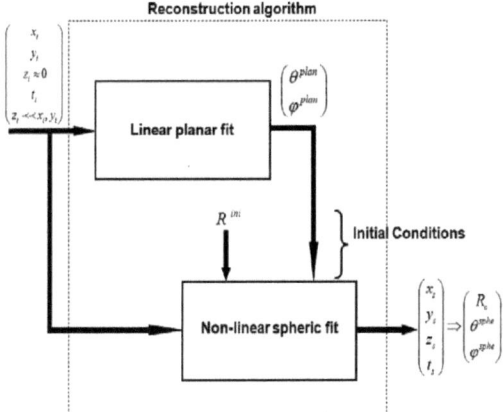

FIGURE 4.8 – Un diagramme qui montre les étapes de la stratégie adoptée pendant la phase de reconstruction. L'ajustement plan est utilisé en première étape pour déterminer la direction d'arrivée de l'onde (θ^p, ϕ^p). En deuxième étape, l'ajustement sphérique utilise ces paramètres comme conditions initiales pour diminuer l'espace de phase exploré. Figure tirée de [136].

Les sources sont simulées à des distances comprises entre 1 km et 10 km avec un angle azimutal $\phi = 0°$ (nord géographique) et un angle zénithal $\theta = 90°$ (situées sur l'horizon). L'erreur sur les positions des antennes est tirée dans une distribution uniforme de largeur 1 m et pour chaque choix de paramètres, (distance de la source, résolution temporelle et direction d'arrivée), un million d'évènements ont été générés.

La reconstruction de la position de la source est effectuée en deux étapes (voir la figure 4.8). En première étape, en faisant l'hypothèse que le détecteur se trouve sur un sol horizontal, un ajustement plan est utilisé pour rechercher la direction d'arrivée de l'onde (assimilée à un plan), en calculant l'estimateur :

$$\chi^2 = \sum_{i=1}^{N} \left(\frac{c.(t_i - t_s) - (x_i.u + y_i.v)}{c.\sigma_t} \right)^2$$

où $u = sin(\theta^p).cos(\phi^p)$, $w = sin(\theta^p).sin(\phi^p)$ sont les coordonnées du vecteur d'onde normal au plan d'onde et t_s l'instant du passage du front d'onde plan par le sol.

De part le caractère linéaire de cet estimateur, une résolution analytique (inversion des matrices) est possible.

En deuxième étape, les angles (θ^p, ϕ^p) sont utilisés comme conditions initiales afin de réduire la région de l'espace de phase exploré et ainsi optimiser le temps d'exécution du code de reconstruction [4]. A l'aide des différentes mesures t_i, une estimation de la position de la source $\vec{r_s} = (x_s, y_s, z_s)$ et de l'instant d'émission t_s est recherchée en utilisant la fonction objectif :

$$f(\vec{r_s}, t_s^*) = \frac{1}{2} \sum_{i=1}^{N} \left[||\vec{r_s} - \vec{r_i}||_2^2 - (ct_s^* - ct_i^*)^2 \right]^2$$

Cette fonctionnelle a une interprétation physique intuitive : les fonctions partielles

$$f_i = ||\vec{r_s} - \vec{r_i}||_2^2 - (ct_s^* - ct_i^*)^2$$

représentent la différence entre le carré du rayon calculé à l'aide des coordonnées de la source et le carré du rayon calculé à l'aide du temps de propagation de l'onde. Ainsi, $f(\vec{r_s}, t_s^*)$ s'interprète comme la somme des carrés des erreurs commises en calculant les rayons à l'aide du temps de propagation source-antenne. Selon l'approche fréquentiste, la position réelle de la source $\vec{r_s}$ à l'instant t_s est celle qui minimise cette erreur, c'est-à-dire les faibles valeurs de f indiquent en principe le meilleur accord avec le modèle.

D'autre part, comme cette fonction objectif est une fonction non-linéaire, il n'est pas possible d'effectuer une minimisation analytique. Une minimisation numérique est nécessaire.

Nous nous sommes concentrés sur les trois algorithmes de minimisation les plus souvent utilisés en physique de haute énergie dans les logiciels d'analyse statistique de données [145, 146, 147] : simplex, recherche linéaire (Line-search) et Levenberg-Marquardt (LVM) (voir le tableau 4.1). Ces algorithmes sont disponibles dans plusieurs bibliothèques scientifiques, Optimization Toolbox^{TM} de Matlab, MPFIT dans IDL, et la librairie Minuit de Root qui utilisent 2 algorithmes, Migrad, basé sur une méthode de recherche linéaire avec une métrique variable et un calcul de dérivée première de la fonction objectif, et simplex. Les caractéristiques de 3 algorithmes testés : Simplex,

---

[4]. L'ajustement plan introduit un léger biais sur l'estimation de l'angle θ^P , qui est d'autant plus important que l'angle est grand. Utilisé dans l'ajustement sphérique, cet effet est sans conséquences car la valeur ne sert simplement que de condition initiale.

4.3. SIMULATIONS

Levenberg-Marquardt et une méthode de recherche linéaire (Linear-Search) [145, 146, 147]. Leurs caractéristiques sont très brièvement rappelées ci-dessous.

Algorithmes	Méthode principale	Information utilisée	Avantages/inconvénients
Levenberg-Marquardt	Méthode de Gauss-Newton combiné avec une méthode de région de confiance	Calcule le gradient (jacobienne) $(\nabla f)_k$ et une approximation de la hessienne $(\nabla^2 f)_k$	Stabilise les problèmes avec une matrice hessienne mal conditionnée / temps d'exécution long - piégeage dans les minimas locaux
Line-Search	Calcul du pas par optimisation de la fonction objectif $f(x + t.d)$	Calcul de $f(x + t.d, d)$ où d est la direction de descente calculés à l'aide du gradient et de la hessienne	Donne un pas optimal pour l'algorithme de minimisation - réduit la complexité / nécessite une initialisation avec une autre méthode
Simplex	Méthode de recherche directe	Ne nécessite pas le calcul du gradient ni numériquement ni analytiquement	Ne fournit aucune estimation sur les erreurs et les corrélations

TABLE 4.1 – Résumé des 3 algorithmes que nous avons testés pour minimiser la fonction objectif dans le cas de l'émission sphérique. Ces algorithmes de minimisation différentiable sont basés sur la construction d'une séquence de points dans l'espace de phase suivant la relation : $x_{k+1} = x_k + t_k d_k$. (Ces algorithmes sont généralement classés selon la méthode de calcul des paramètres t_k et d_k, voir par exemple [148]).

L'algorithme du simplex [152] L'algorithme simplex est l'un des algorithmes d'optimisation les plus anciens et plus utilisés. Cette méthode calcule les valeurs de la fonction objectif aux vertex de maillage de l'espace de phase mais n'utilise pas l'information déduite du jacobien (dérivée première) et de la hessienne (matrice carrée des dérivées partielles secondes) de la fonction. Elle est itérative avec un nombre fini d'étapes traitant des problèmes de minimisation avec des contraintes linéaires. Pour un problème possédant un nombre fini de minima, la méthode simplex converge en un nombre fini d'itérations. Dans le cas d'un problème dégénéré, l'algorithme risque de boucler sur les vertex de polyhedron défini par les contraintes. L'algorithme est dit de "complexité exponentielle" d'ordre $O(2^n)$, ce qui pose des problèmes de temps d'exécution.

L'algorithme de Levenberg-Marquardt [153] Il s'agit de l'une des méthodes les plus efficaces et les plus performantes pour résoudre des problème de minimisation non-linéaire. L'algorithme utilise l'information du jacobien et de la hessienne de la fonction objectif. Cet algorithme est notamment utilisé à la place de l'algorithme de Gauss-Newton [155] quand ce dernier rencontre des difficultés lorsque le terme de la dérivée seconde (hessienne) est non-négligeable.

L'algorithme de recherche linéaire "Linear-search" [154] Cette méthode basique consiste à chercher les solutions d'un problème le long d'une seule direction dans l'espace de phase d'une manière séquentielle. Elle utilise uniquement l'information de la dérivée première (jacobien) de la fonction objectif.

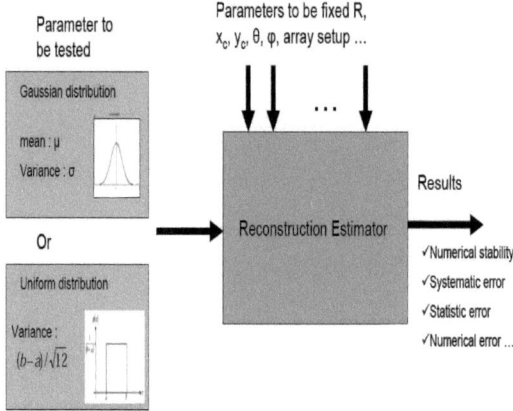

FIGURE 4.9 – Schéma des méthodes d'évaluation des performances d'un algorithme. Pour chaque réalisation d'un ensemble de paramètres, un seul d'entre eux est fixé (soit avec une erreur gaussienne ou une erreur uniforme) et la réponse de l'algorithme est analysée en fonction de différents critères.

Afin d'éviter l'introduction d'un prior qui pourrait biaiser notre interprétation des résultats, une méthode de recherche en aveugle est simulée par un tirage de conditions initiales R_s dans une distribution uniforme entre $0,1\,km$ et $20\,km$. Un échantillon des résultats obtenus est donné en figure 4.10 et figure 4.11. La condition initiale sur R_s est matérialisée par la ligne bleue discontinue.

4.3.2 Résultats des simulations

L'ensemble des résultats obtenus (voir aussi le tableau 4.2) par les simulations recoupent les observations expérimentales. En effet, quelles que soient les conditions de simulation : distance de la source, direction d'arrivée, résolution temporelle (et également configuration géométrique du réseau d'antennes) et les algorithmes de minimisation utilisés, des écarts significatifs entre la position vraie et les positions reconstruites sont observés. Plusieurs remarques peuvent aussi être faites.

4.3. SIMULATIONS

Dans le but d'éviter le biais pendant la procédure de reconstruction, nous avons choisi de n'introduire aucune information à priori sur la distance de la source. Or, la distance recherchée est susceptible de couvrir plusieurs ordres de grandeurs (d'une centaine de mètres à quelques dizaines de kilomètres pour les gerbes inclinées). Ce large éventail de possibilités est sans doute de nature à altérer le processus de convergence et peut classer le problème d'optimisation dans la catégorie des problèmes sans contraintes. Nous avons aussi noté que le résultat dépend fortement des conditions initiales, et notamment que débuter la méthode de minimisation avec des valeurs de positions initiales très supérieures à la position réelle semble élargir la distribution des positions reconstruites. D'autre part, due à sa forme mathématique, qui contient des termes non-linéaires à la puissance 3 et 4, la fonction objectif peut prendre des valeurs variant sur un très large domaine et induire des problèmes de précision numérique, notamment pour les calculs des matrices jacobienne et hessienne réalisés en interne dans les algorithmes de minimisation. Comme attendu, la qualité de la reconstruction se dégrade rapidement quand l'erreur sur la mesure du temps augmente.

Le grand étalement des positions reconstruites suggère aussi que la fonction objectif présente des minima locaux. Ces phénomènes peuvent indiquer que nous sommes confrontés à un problème mal posé. En effet, un calcul de conditionnement [140, 141] (voir paragraphe suivant et la figure 4.12), qui mesure la sensibilité de la solution à des erreurs dans les données (comme la distance de la source, la résolution temporelle, etc), indiquent des valeurs élevées ($> 10^4$), quand un problème bien conditionné devrait induire des valeurs proches de 1.

Pour tenter de mieux comprendre l'ensemble de ces observations, nous avons entrepris d'étudier les principales caractéristiques de cette fonction objectif. Pour ce faire, il nous a tout d'abord paru intéressant de rappeler quelques éléments mathématiques habituellement utilisés dans le cadre des théories de minimisation et sur lesquels vont s'appuyer nos développements.

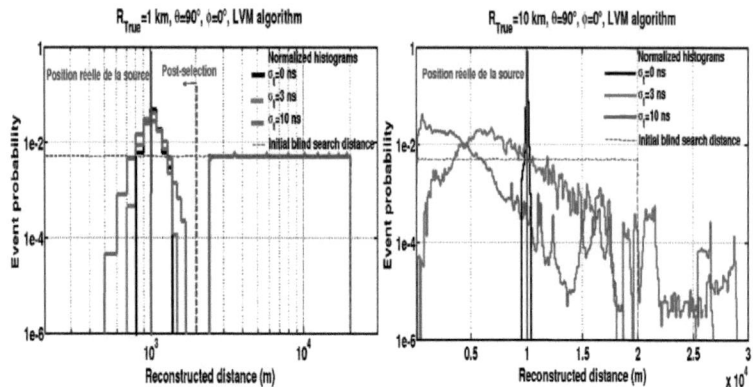

FIGURE 4.10 – Exemple de résultats de la reconstruction d'une source d'un rayon de courbure égal à 1 (gauche) et 10 km (droite) avec l'algorithme de LVM. Pour $R_{vraie} = 1\,km$, l'effet de la recherche aveugle (sans conditions initiales pertinentes) conduit à la non-convergence de l'algorithme LVM, lorsque les valeurs initiales sont supérieures à $R_{vraie} = 1\,km$.

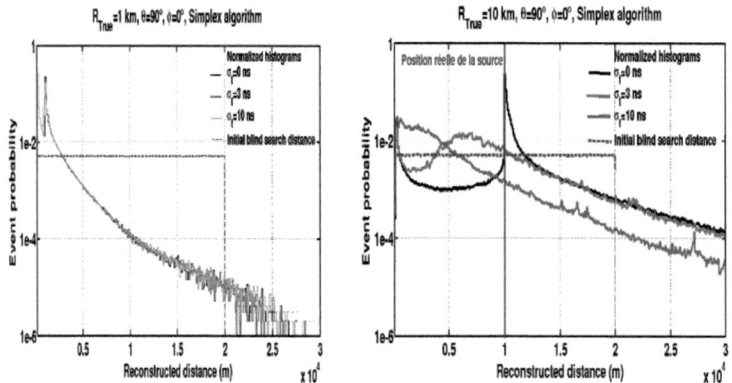

FIGURE 4.11 – Exemple de résultats de la reconstruction d'une source d'un rayon de courbure égal à 1 (gauche) et 10 km (droite) avec l'algorithme Simplex.

$\sigma_t(ns)$	$R_{vraie}(m)$	Algorithmes	$R_{moyen}(m)$	$R_{mode}(m)$	$\sigma^R(m)$
		Résultats de reconstruction			
0	1000	Levenberg-Marquardt	(10071) 1002	(1081) 1081	(5763) 102
		Simplex	1198	1133	1477
	3000	Levenberg-Marquardt	(9960) 3082	(2998) 2998	(5781) 302
		Simplex	3134	3272	3437
	10000	Levenberg-Marquardt	9999	9997	56
		Simplex	10466	9929	5817
3	1000	Levenberg-Marquardt	(10071) 1003	(934) 934	(5763) 108
		Simplex	1199	168	1486
	3000	Levenberg-Marquardt	(9954) 3068	(2874) 2874	(5792) 495
		Simplex	3132	3010	3485
	10000	Levenberg-Marquardt	7174	6877	3021
		Simplex	8194	6479	6154
10	1000	Levenberg-Marquardt	(10068) 985	(964) 964	(5767) 175
		Simplex	1189	199	1507
	3000	Levenberg-Marquardt	(9703) 2238	(1620) 1620	(6125) 877
		Simplex	2760	2070	3703
	10000	Levenberg-Marquardt	2770	667	2305
		Simplex	3675	934	4048

TABLE 4.2 – Le tableau présente un résumé des valeurs des paramètres reconstruits avec 2 algorithmes pour quelques distances source-réseau et quelques valeurs de résolution temporelle. Dans le cas de l'algorithme de Levenberg-Marquardt, les valeurs entre parenthèses prennent en compte la distribution plane pour laquelle l'algorithme retourne les mêmes valeurs initiales (cf la figure 4.10). Les conditions initiales influent sur les résultats et peuvent induire l'algorithme en erreur spécialement lorsqu'elles sont éloignées de la vraie valeur. La méthode de recherche linéaire "linear-search" a finalement été rejetée pour cette étude quantitative, car elle dépend trop des conditions initiales. R_{mode} est la distance la plus probable et R_{moyen} est la distance moyennée sur toute la distribution.

4.4 Caractère mal posé du problème de localisation

L'analyse présentée dans cette section établit l'origine mathématique des dégénérescences observées dans la section précédente. Nous allons formuler le problème de localisation de source comme un problème d'optimisation et nous discuterons ces propriétés théoriques pour expliquer la dégénérescence observée. La table 4.3 présente les notations utilisées dans cette section.

> $\vec{r_s}$, $\vec{r_i}$: vecteur position de source, position de l'antenne i
>
> t_s, t_i : temps d'émission du signal, signal d'arrivée sur l'antenne i
>
> t_s^*, t_i^* : variables temporelles réduites (ie. $t^* = c.t$)
>
> σ_i^t : résolution temporelle pour l'antenne i
>
> X_s, X_i : positions spatio-temporelles de la source, de l'antenne i
>
> ∇f, $\nabla^2 f$: dérivée première et seconde de la fonction objectif f
>
> $M = \begin{bmatrix} 1 & 0 & 0 & 0 \\ 0 & 1 & 0 & 0 \\ 0 & 0 & 1 & 0 \\ 0 & 0 & 0 & -1 \end{bmatrix}$: Le tenseur d'ordre 2 lié à la métrique de Minkowski
>
> Q, L_i : formes quadratique et linéaire
>
> $<.|.>$: produit scalaire
>
> X^T : transposé d'un vecteur ou d'une matrice X

TABLE 4.3 – Liste des notations utilisées dans cette section.

D'un point de vue mathématique, la configuration des points critiques dans l'espace de phase est déterminée par la convergence de ces algorithmes. Considérons la situation suivante, étant donné un réseau de N antennes placées dans l'espace en $\vec{r_i} = (x_i, y_i, z_i)^T$, et une source de signaux de position inconnue $\vec{r_s} = (x_s, y_s, z_s)^T$ et de temps d'émission inconnu t_s. On se propose d'estimer les paramètres inconnus en utilisant la distribution des temps d'arrivée t_i. La méthode naturelle est formulée comme un problème d'optimisation sans contraintes du type moindre carré non-linéaire avec la fonction objectif suivante :

$$f(X) = \frac{1}{2} \sum_{i=1}^{N} \left[\|\vec{r_s} - \vec{r_i}\|_2^2 - (t_s^* - ct_i)^2 \right]^2 = \frac{1}{2} \sum_{i=1}^{N} f_i^2$$

Afin de tenir compte des incertitudes expérimentales, il est habituel de pondérer cette fonction par les erreurs de mesure au dénominateur de la fonction. Dans notre étude, nous avons supposé que les résolutions sur les temps d'arrivée sont les mêmes pour toutes les antennes ($\sigma_i^t = \sigma = constante \; \forall \; i$). Dans ce cas, la fonctionnelle introduite est générique et n'inclut pas les erreurs. On constatera aisément lors du développement des calculs que l'introduction d'un facteur multiplicatif constant ne changera pas les résultats de notre étude. Compte tenu des informations utilisées par les algorithmes et la forme polynomiale de la fonction objectif, un calcul analytique de la matrice jacobienne ∇f et de la matrice hessienne $\nabla^2 f$ est possible et riche en information.

Nous avons donc étudié plusieurs propriétés de la fonction objectif f : la propriété de coercivité pour montrer l'existence d'au moins un minimum, la non-convexité pour indiquer l'existence de plusieurs minima locaux, le jacobien pour caractériser l'ensemble de ces minima dans l'espace de phase.

En langage mathématique, cette analyse revient à :

4.4. CARACTÈRE MAL POSÉ DU PROBLÈME DE LOCALISATION 135

- **étudier la coercivité de** f. Dans notre cas, l'étude du comportement asymptotique de la fonction f est simple. On montre facilement qu'elle tend vers l'infini à l'infini, étant un polynome de degré 2. Ainsi, f est positive, régulière, coercitive et admet au moins un minimum.
- **étudier la condition d'optimalité du second ordre.** Démontrer la convexité de f dans l'espace de phase est équivalent à montrer que la matrice hessienne de f est définie positive
- **étudier la condition d'optimalité du premier ordre.** Cette propriété se traduit par la recherche du jacobien $\nabla f(X)$ tel que $\nabla f(X_s) = 0$, ce qui permet de trouver les points critiques (les minima).

4.4.1 Étude de la convexité de la fonction objectif

Comme la convexité de f dépend de sa matrice hessienne, nous avons calculé cette matrice avec deux méthodes en opérant un calcul symbolique et un calcul explicite par le développement de Taylor.

Calcul symbolique En utilisant les mêmes notations du tableau 4.3, la fonction objectif peut s'écrire (pour le calcul complet voir l'annexe) :

$$f(X_s) = \frac{1}{2}\sum_{i=1}^{N} f_i^2(X_s)$$

avec $f_i(X_s) = (X_s - X_i)^T \cdot M \cdot (X_s - X_i) = \|\vec{r_s} - \vec{r_i}\|^2 - (t_s^* - t_i^*)^2$, M étant la matrice de Minkowski. Le gradient de la fonction f (ou jacobien) peut s'écrire comme suit :

$$\frac{1}{2}\nabla f(X_s) = \left(\sum f_i(X_s)\right) M \cdot X_s - M \cdot \left(\sum f_i(X_s) X_i\right)$$

La dérivée seconde s'écrit alors :

$$\nabla^2 f(X_s) = 4M \cdot \left[N X_s X_s^T + \sum X_i X_i^T - X_s \left(\sum X_i\right)^T - \left(\sum X_i\right) X_s^T\right] \cdot M + 2\left(\sum f_i(X_s)\right) \cdot M$$

Calcul explicite et développement de Taylor Les expressions explicites des dérivées première et seconde de la fonction objectif peuvent être obtenues en utilisant un développement de Taylor. En effet, la fonction f est $C^\infty\left(\mathbb{R}^4, \mathbb{R}\right)$ étant continue et dérivable une infinité de fois [5], elle est différentiable au sens de Fréchet [146]. Soit $X_s = (\vec{r_s}, t_s^*)^T$, vecteur fixé de $\mathbb{R}^4$ et $\vec{\varepsilon} = \left(\vec{h}, t^*\right)^T$ un autre vecteur $\mathbb{R}^4$. Afin de simplifier les calculs, nous utiliserons les notations :

$K_i = \|\vec{r_s} - \vec{r_i}\|_2^2 - (t_s^* - t_i^*)^2$, qui est un terme constant dans le cas où X_s est fixé ;

$L_i(\vec{\varepsilon}) = \left\langle \vec{r_s} - \vec{r_i} \mid \vec{h} \right\rangle - (t_s^* - t_i^*) \cdot t^*$, la forme linéaire

et $Q\left(\vec{h}, t^*\right) = \left\|\vec{h}\right\|_2^2 - t^{*2}$, la forme quadratique.

---

[5]. Cette fonction appartient aussi à l'algèbre $\mathbb{R}[X_1, \ldots, X_4]$

Le développement de Taylor peut s'écrire :

$$f(X_s + \vec{e}) = \frac{1}{2}\sum_i \left(\left\| \vec{r_s} + \vec{h} - \vec{r_i} \right\|_2^2 - (t_0^* + t^* - t_i^*)^2 \right)^2$$

$$= \frac{1}{2}\sum_i \left(\left\langle \vec{r_s} + \vec{h} - \vec{r_i} \mid \vec{r_s} + \vec{h} - \vec{r_i} \right\rangle - (t_s^* + t^* - t_i^*)^2 \right)^2$$

$$= \frac{1}{2}\sum_i \left(\left\| \vec{r_s} - \vec{r_i} \right\|_2^2 + \left\| \vec{h} \right\|_2^2 + 2\left\langle \vec{r_s} - \vec{r_i} \mid \vec{h} \right\rangle - (t_s^* - t_i^*)^2 - t^{*2} - 2t^*(t_s^* - t_i^*) \right)^2$$

En utilisant une expansion multinomiale et dans un cas de développement de Taylor jusqu'au second ordre, on peut alors écrire la fonction f suivante :

$$f\left(\vec{r_s} + \vec{h}, t_s^* + t^*\right) \approx \frac{1}{2}\sum_i K_i^2 + 2\sum_i K_i \cdot L_i\left(\vec{h}, t^*\right) + 2\sum_i L_i^2\left(\vec{h}, t^*\right) + \left(\sum_i K_i\right) \cdot Q\left(\vec{h}, t^*\right)$$

Dans cette formule on peut identifier :
- le terme constant : $\frac{1}{2}\sum_i K_i^2$;
- le terme linéaire : $\nabla f(X_s)^T \cdot \vec{e} = \left[2 \cdot \sum_i K_i \begin{pmatrix} \vec{r_s} - \vec{r_i} \\ t_i^* - t_s^* \end{pmatrix} \right]^T \cdot \vec{e}$ (la dérivée première de f au point $(\vec{r_s}, t_s^*)$) ;
- le terme quadratique en X_s :

$$\frac{1}{2}Q(X_s, X_i) = \begin{bmatrix} \sum_i K_i + 2\sum_i (x_s - x_i)^2 & 2\sum_i (x_s - x_i)(y_s - y_i) & 2\sum_i (x_s - x_i)(z_s - z_i) & 2\sum_i (x_s - x_i)\left(t_i^* - t_s^*\right) \\ * & \sum_i K_i + 2\sum_i (y_s - y_i)^2 & 2\sum_i (y_s - y_i)(z_s - z_i) & 2\sum_i (y_s - y_i)\left(t_i^* - t_s^*\right) \\ * & * & \sum_i K_i + 2\sum_i (z_s - z_i)^2 & 2\sum_i (z_s - z_i)\left(t_i^* - t_s^*\right) \\ * & * & * & -\sum_i K_i + 2\sum_i \left(t_i^* - t_s^*\right)^2 \end{bmatrix}$$

Cette matrice symétrique correspond à la matrice hessienne de f en $(\vec{r_s}, t_s^*)$.

Les symbolent $*$ indiquent que les coefficients au-dessus et au-dessous de la diagonale sont égaux. Ce terme quadratique de la matrice donne les propriétés de second ordre de la fonction f. Pour montrer qu'un point critique est un minimum local, il suffit alors de vérifier que la matrice hessienne est définie positive au voisinage de ce point.

Propriétés de convexité de la fonction objectif

Nous allons montrer dans ce paragraphe que la fonction f n'est pas convexe sur $\mathbb{R}^4$, en d'autre terme que sa matrice hessienne est non définie positive (rappelons que si une fonction convexe possède un minimum local alors il est automatiquement global).

Pour ce faire nous utiliserons le calcul de la matrice hessienne $\nabla^2 f(X)$ qui a été fait d'une manière explicite. Considérons maintenant un vecteur d de $\mathbb{R}^4$. Puisque la fonction f est deux fois dérivable, et en utilisant le critère de Sylvester [151] pour caractériser la propriété de convexité de f, on peut écrire les équivalences suivantes [6] :

$$f \text{ est convexe} \Leftrightarrow$$

---

6. Rappelons que si $A = a_{ij} \in M_n(K)$ est une matrice symétrique d'ordre n, alors un mineur principal de A est une sous-matrice de A obtenue en supprimant un nombre quelconque de lignes et les colonnes correspondantes de A. On note A_{JJ} un mineur principal de A où J est un sous-ensemble de $\{1, 2, ...,n\}$ indiquant les lignes et les colonnes conservées de A. Un mineur principal A_{JJ} de A représente une forme quadratique, d'ordre $|J|$, obtenue à partir de la forme quadratique $q(A(X)) = {}^t X.A.X$ par restriction aux variables x_j telles que JJ, c'est-à-dire

4.4. CARACTÈRE MAL POSÉ DU PROBLÈME DE LOCALISATION

⇔ le hessien est semi-défini positif ⇔ Tous les mineurs du hessien ne sont pas négatifs

$$\text{Soit } f \text{ est convexe} \Leftrightarrow \forall d,\ \forall X,\ d^T \cdot \nabla^2 f(X) \cdot d \geqslant 0$$

Alors il suffit de trouver un seul élément X et d tel que $d^T \cdot \nabla^2 f(X) \cdot d < 0$, pour que f soit non-définie positive. Pour cela, il suffit de trouver au moins un mineur principal négatif pour démontrer que la matrice hessienne est non-définie positive.

Démonstration de la non-convexité de la fonction objectif : Q est l'expression explicite de la hessienne et prenons $d^T = (0\,0\,0\,1)$ alors :

$$d^T \cdot \nabla^2 f(X) \cdot d = (0\,0\,0\,1) \cdot Q(X_s, X_i) \cdot \begin{pmatrix} 0 \\ 0 \\ 0 \\ 1 \end{pmatrix}$$

$$= -\sum_i K_i + 2 \sum_i (t_i^* - t_s^*)^2$$

Ce dernier représente le mineur principal d'ordre 4 du hessien.

Pour une famille d'antennes de positions fixes et pour une source de signal de coordonnées X_s tel que $y_s = z_s = t_s^* = 0$, la condition de négativité du mineur principal d'ordre 4 peut s'écrire alors :

$$\sum_i (x_s - x_i)^2 > \sum_i \left(-y_i^2 - z_i^2 + 3t_i^{*2} \right)$$

soit

$$x_s^2 - \frac{2 \sum_i x_i}{N} x_s + \frac{1}{N} \sum_i \left[x_i^2 + y_i^2 + z_i^2 - 3t_i^{*2} \right] > 0$$

qui est un polynôme de degré 2 en x_s, qui tend vers l'infini quand x_s tend vers l'infini, l'inégalité est donc vérifiée pour au moins une valeur de x_s. Par conséquent la fonction objectif f contient plusieurs minima locaux, elle n'est pas convexe localement. Ce sont ces minima qui induisent des problèmes de convergence pour les algorithmes de minimisation utilisés.

---

obtenue en annulant les autres variables. En particulier, les mineurs principaux croissants de A sont, par définition, les mineurs principaux de A suivants, qui correspondent respectivement à la restriction aux variables $\{x_1\}$, $\{x_1, x_2\}$, $\{x_1, x_2, x_3\}$ etc.

Proposition : Si une matrice symétrique A est définie positive, alors les déterminants de tous ses mineurs principaux sont strictement positifs.

Théorème : Une matrice symétrique A est définie positive si et seulement si les déterminants de tous ses mineurs principaux croissants sont strictement positifs.

138 CHAPITRE 4. LOCALISATION DE LA SOURCE D'ÉMISSION RADIO

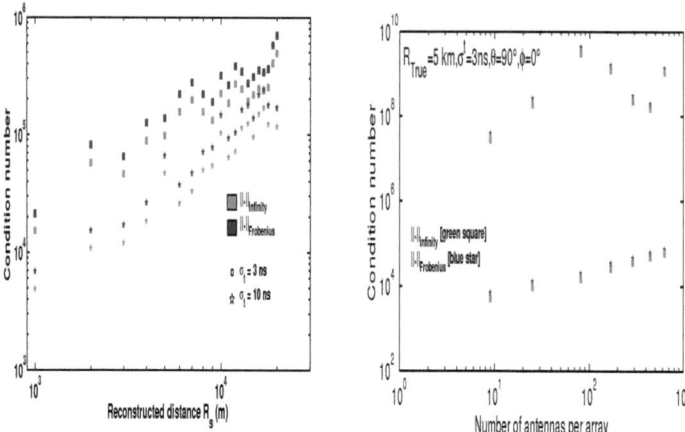

FIGURE 4.12 – Le conditionnement est calculé avec la formule $Cond(Q) = ||Q||.||Q^{-1}||$, Q étant la matrice hessienne (calculée explicitement). Dans la figure de gauche, le conditionnement est présenté en fonction de la distance source-réseau et ceci pour différentes résolutions temporelles. Dans la figure de droite, le conditionnement est présenté en fonction du nombre des antennes pour une seule source. **Les grandes valeurs de conditionnement prouvent que nous avons affaire à un problème mal conditionné.**

Nous avons utilisé une autre caractérisation pour montrer que le problème est mal posé. Cette méthode consiste à calculer le conditionnement de la matrice hessienne de f en fonction de plusieurs paramètres. Dans la figure 4.12 de gauche, le conditionnement a été calculé en fonction de la distance de la source par rapport à un réseau test constitué de 5 antennes. On remarque que le conditionnement calculé donne des valeurs très grandes par rapport à 1. En effet, quand la source s'éloigne, le conditionnement augmente ce qui montre que le problème de localisation devient plus difficile : ce qui s'explique par la tendance de la source vers une émission en champ lointain (le front est un plan).

La figure 4.12 de droite présente l'effet du nombre d'antennes sur le conditionnement. On prend un réseau carré contenant des antennes espacées avec un pas de 100 m. Nous remarquons alors que les valeurs du conditionnement, dans le cas d'une source à l'extérieur du réseau, sont très grandes par rapport à 1. La formulation du problème de localisation est mal conditionnée alors il est mal posé [150].

4.4.2 Points critiques et enveloppes convexes

Dans cette partie, on se propose de caractériser la distribution des points critiques dans l'espace de phase afin d'expliquer les observations expérimentales. Cette distribution des minima locaux de

4.4. CARACTÈRE MAL POSÉ DU PROBLÈME DE LOCALISATION

f peut être obtenue en résolvant la condition d'optimalité de premier ordre $\nabla f(X_s) = 0$. Nous avons vu que l'expression du jacobien est donné par :

$$\tfrac{1}{2}\nabla f(\bar{X}_s) = (\sum f_i(\bar{X}_s))M.\bar{X}_s - M.(\sum f_i(\bar{X}_s)X_i)$$

La condition d'optimalité du premier ordre $\nabla f(X_s) = 0$ donne la relation suivante :

$$\overline{X}_s = \sum_{i=1}^{N} \frac{f_i(\overline{X}_s)}{\sum_j f_j(\overline{X}_s)} X_i \qquad (*)$$

Cette formule a une forme analogue à la relation traditionnelle d'un barycentre (ou centre de masse) d'un ensemble de points matériels discrets M_i et de masses m_i tel que :

$$\vec{OG} = \sum_{i=1}^{N} \frac{m_i}{\sum_{j=1}^{N} m_j} \vec{OM_i}$$

Nous avons donc interprété l'expression $(*)$ en terme de barycentre des positions des antennes et de ses poids. Les fonctions poids f_j désignant l'erreur commise entre les positions exacte et calculée à l'aide des temps de réception, les poids prédominants sont fournis par les antennes présentant les plus grandes erreurs entre distances exactes et calculées. Dans le cas de l'émission sphérique pour une erreur de mesure donnée, ce sont alors les antennes les plus proches de la source qui pourront présenter les écarts relatifs les plus importants entre les distances exactes et calculées (c'est-à-dire les antennes les plus proches de la source auront les poids les plus grands).

Malheureusement, le développement et la simplification analytique de cette condition d'optimalité dans une formulation tridimensionnelle ($\nabla f(X_s) = 0$) est particulièrement hardue à cause de non-linéarités. Compte tenu des termes non linéaires, nous avons choisi d'étudier et d'opérer une réduction dimensionnelle [7].

a) Cas d'un réseau linéaire

Cette étude faite sur un réseau linéaire simplifie les calculs et fournit plusieurs résultats qu'on tentera de généraliser pour un réseau surfacique.

– **Problème de localisation sous contraintes**

---

[7]. En physique, une réduction dimensionnelle est une procédure par laquelle, étant donnée une théorie formulée sur un espace de dimension N on construit une autre théorie formulée sur un sous-espace $Y_M \subset X_N$ de dimension $M < N$. On peut citer la réduction de Kaluza-Klein [157].

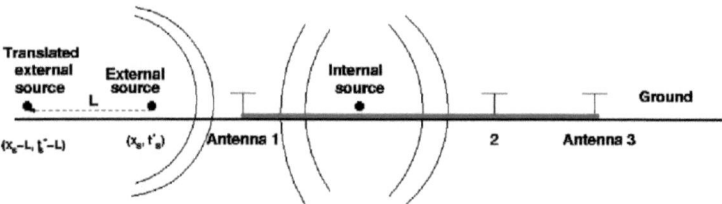

FIGURE 4.13 – Schéma du problème de reconstruction d'une onde sphérique pour un réseau linéaire à une dimension. Dans cette configuration, l'enveloppe convexe est un segment représenté en rouge (cf. annexe).

Considérons le réseau de N antennes distribuées sur une ligne (voir la figure 4.13). La caractérisation de points critiques peut s'écrire en faisant appel aux contraintes physiques sous la forme :

$$\begin{cases} (x_s, t_s^*) = arg\ min_{x,t^*}\ \left(\frac{1}{2}\sum_{i=1}^{N}\left((x_s - x_i)^2 - (t_s^* - t_i^*)^2\right)^2\right) & 1 \leqslant i \leqslant N \\ Contraintes\ de\ propagation :\ |x_s - x_i| = |t_s^* - t_i^*| \\ Contraintes\ de\ causalité :\ t_s^* < min_i(t_i^*) \end{cases} \quad (4.1)$$

Selon la position de la source, trois cas sont à envisager (voir la figure 4.13) :
– la source se trouve à l'intérieur du réseau ;
– la source se trouve à l'extérieur du réseau mais sur la droite support d'antennes ;
– la source se trouve à l'extérieur du réseau et hors de la droite support d'antennes.

Lorsque la source est localisée à l'intérieur du réseau d'antennes, la réduction dimensionnelle permet de tracer les contraintes dans l'espace de phase (x_s, t_s^*) qui se réduit à deux dimensions (x_s, t_s^*). Dans ce cas on obtient deux demi-droites qui se coupent en un seul point (la figure 4.14). La solution est unique et le problème est bien posé. Dans ce cas, l'enveloppe convexe est le segment qui relie les deux antennes extrêmes du réseau ; elle est représentée en rouge dans la figure 4.13.

Dans le cas où la source se trouve à l'extérieur de l'enveloppe convexe mais sur la droite, on remarque que les différences des temps d'arrivée sur chaque antenne ne dépendent plus de la source mais des positions d'antennes ; en effet, quelque soit la position de la source, ces différences demeurent constantes. Il est impossible alors de distinguer entre deux sources différentes translatées l'une par rapport à l'autre avec une longueur L (voir la figure 4.15). Seule la direction de la source peut être déterminée. Ce résultat amène à une dégénérescence de solutions.

4.4. CARACTÈRE MAL POSÉ DU PROBLÈME DE LOCALISATION

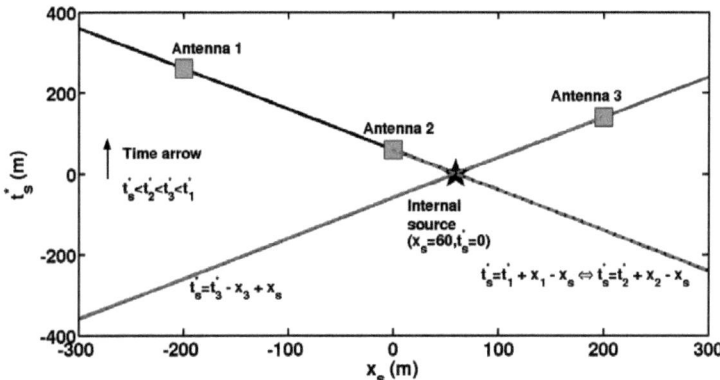

FIGURE 4.14 – Représentation de l'espace de phase dans le cas d'un réseau linéaire constitué de 3 antennes (les carrés verts montrent les positions d'antennes localisées à $x_1 = -200\,m$, $x_2 = 0\,m$, $x_3 = 200\,m$). la source est localisée à $x_s = 60\,m$ et l'instant d'émission est pris à l'origine des temps ($t_s = 0\,s$). La source se trouve à l'extérieur du sous-réseau des antennes 1 et 2. Les contraintes donnent la même équation pour ces antennes : $t_s = 60 - x_s$ (ligne noire). Pour l'antenne 3, l'équation devient $t_s = -60 + x_s$ (ligne bleue). Les conditions de causalité limite les droites initiales à deux demi-droites (lignes rouges) et la source est alors donnée par l'intersection de deux demi-droites (étoile noire).

Tous les points se trouvant sur la demi-droite reliant la première antenne touchée et l'infini et respectant la causalité sont des solutions. Le problème devient mal posé.

- **Démonstration de la droite de dégénérescence pour un réseau linéaire**

Dans l'idée d'essayer de généraliser nos observations précédentes aux dimensions supérieures, nous avons essayé de développer de manière plus rigoureuse une méthode pour caractériser les points critiques. Cette méthode se base sur un raisonnement d'analyse et de synthèse.

Supposons que $X_s = (x_s, t_s^*)$ est un point critique de f, i.e. $\nabla f(X_s) = 0$. Pour un réseau linéaire, le problème de minimisation peut s'écrire sous la forme du système (2). Supposons que $L = \begin{pmatrix} L \\ L \end{pmatrix}$ un vecteur alors $X_s - L$ est aussi une solution du problème de minimisation, i.e. $\nabla f(X_s - L) = 0$)

Le jacobien de f s'écrit alors :

$$\nabla f(x_s, t^*) = 2 \begin{pmatrix} \sum_i (x_s - x_i)\left((x_s - x_i)^2 - (t_s^* - t_i^*)^2\right) \\ \sum_i (t_i^* - t_s^*)\left((x_s - x_i)^2 - (t_s^* - t_i^*)^2\right) \end{pmatrix}$$

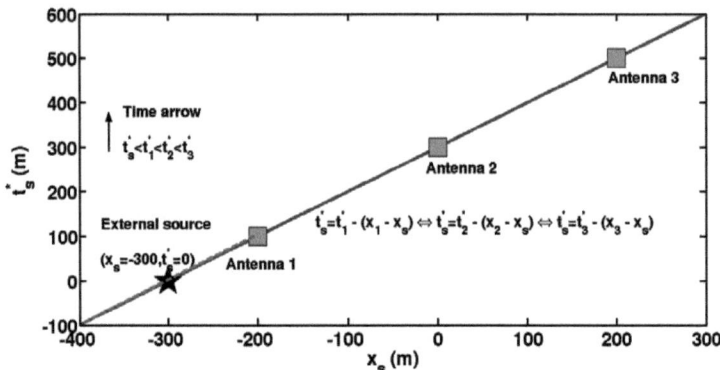

FIGURE 4.15 – Représentation de l'espace de phase pour le même réseau linéaire que la figure 4.14 mais pour une source se trouvant à l'extérieur du réseau linéaire des 3 antennes. Les contraintes conduisent à la même équation $t_s^* = 60 - x_s$. Tous les points qui se trouvent sur la demi-droite inférieure sont des solutions pour le problème de localisation de la source (ligne rouge), la position de la source ne peut être déterminée et le problème devient un problème mal-posé avec cette dégénérescence de solutions.

Si X_s est un point critique, alors il vérifie les deux équations suivantes :

$$\begin{cases} \sum_i (x_s - x_i) \left((x_s - x_i)^2 - (t_s^* - t_i^*)^2\right) = 0 & (1) \\ \sum_i (t_i^* - t_s^*) \left((x_s - x_i)^2 - (t_s^* - t_i^*)^2\right) = 0 & (2) \end{cases}$$

Si $X_s - L$ est également un point critique, alors il vérifie de même les équations :

$$\begin{cases} \sum_i (x_s - x_i - L) \left((x_s - x_i - L)^2 - (t_s^* - t_i^* - L)^2\right) = 0 & (3) \\ \sum_i (t_i^* - t_s^* + L) \left((x_s - x_i - L)^2 - (t_s^* - t_i^* - L)^2\right) = 0 & (4) \end{cases}$$

En développant l'équation (3) et en utilisant l'équation (1), on obtient :

$(3) \Rightarrow \sum_i (x_s - x_i) \left[(x_s - x_i)^2 - (t_s^* - t_i^*)^2 - 2L\left[(x_s - x_i) - (t_s^* - t_i^*)\right]\right] - L \sum_i (x_s - x_i)^2 - (t_s^* - t_i^*)^2$
$\quad \ldots + 2L^2 \sum_i \left[(x_s - x_i) - (t_s^* - t_i^*)\right] = 0$
$\Rightarrow -L \sum_i (x_s - x_i)^2 + L^2 \sum_i \left[(x_s - x_i) - (t_s^* - t_i^*)\right] - L \sum_i (x_s - x_i)^2 - (t_s^* - t_i^*)^2$
$\quad \ldots + L \sum_i (x_s - x_i)(t_s^* - t_i^*) = 0$

Les contraintes imposent que le terme $\sum_i (x_s - x_i)^2 - (t_s^* - t_i^*)^2$ soit nul. On obtient l'équation simplifiée :

$$L \sum_i (x_s - x_i) - (t_s^* - t_i^*) = \sum_i (x_s - x_i)\left((x_s - x_i) - (t_s^* - t_i^*)\right)$$

Dans le cas où $x_s - x_i < 0 \; \forall i$, les contraintes sont équivalentes à $(x_s - x_i) - (t_s^* - t_i^*) = 0$. Ainsi, si on suppose que $x_s - x_i < 0 \; \forall i$, i.e. la source est localisée à l'extérieur de l'enveloppe convexe

4.4. CARACTÈRE MAL POSÉ DU PROBLÈME DE LOCALISATION

(un segment dans ce cas), on trouve que les implications précédentes sont équivalentes et alors l'équation (3) est vérifiée.

En utilisant la même méthode pour l'équation (4), on obtient l'équation suivante :

$(4) \Rightarrow \sum_i (t_i^* - t_s^*) \left[(x_s - x_i)^2 - (t_s^* - t_i^*)^2 - 2L \left[(x_s - x_i) - (t_s^* - t_i^*) \right] \right] + L \sum_i (x_s - x_i)^2 - (t_s^* - t_i^*)^2$

$\ldots - 2L^2 \sum_i \left[(x_s - x_i) - (t_s^* - t_i^*) \right] = 0$

$\Rightarrow -2L \sum_i (t_i^* - t_s^*)(x_s - x_i) - 2L \sum_i (t_s^* - t_i^*)^2 + L \sum_i (x_s - x_i)^2 - (t_s^* - t_i^*)^2$

$\ldots - 2L^2 \sum_i (x_s - x_i) - (t_s^* - t_i^*) = 0$

Utilisant l'ensemble des contraintes précédentes citées, on obtient l'équation suivante :

$$L \sum_i (x_s - x_i) - (t_s^* - t_i^*) = \sum_i (t_i^* - t_s^*) \left((x_s - x_i) - (t_s^* - t_i^*) \right)$$

La même analyse nous donne la condition pour que la source soit à l'extérieur de l'enveloppe convexe du réseau d'antennes. Cette dégénérescence de solutions est un résultat important car elle détermine la convergence des algorithmes de minimisation. Dans ce cas le problème est mal posé.

Cas de la source dans le plan

Dans ce cas, la résolution des équations conduisent à des expressions analytiques non-linéaires pour la topologie des points critiques. Nous n'avons pas réussi à la développer. C'est pourquoi, nous sommes retournés à une approche intuitive basée sur les simulations numériques présentées dans la section "simulations" (cf. 4.16).

b) Cas d'un réseau à 2 dimensions (cas des réseaux de radio-détection actuellement utilisés)

On peut appréhender intuitivement les résultats pour un réseau à 2 dimensions en remarquant qu'il est possible de dissocier ce réseau en autant des sous-réseaux linéaires. La superposition de toutes les enveloppes convexes des sous-réseaux linéaires conduit à une surface convexe qui est définie et construite par les antennes périphériques touchées (voir les figure 4.18 et figure 4.19). Plus rigoureusement, dans le cas d'un réseau surfacique (2D), l'ensemble des contraintes réduit le problème à une caractérisation des points critiques avec N intersections de demi cônes dans un espace de phase à 3 dimensions en s'appuyant sur les équations :

$$\begin{cases} (x_s, t_s^*) = arg\, min_{x, t^*} \left(\frac{1}{2} \sum_{i=1}^{N} ((x_s - x_i)^2 + (y_s - y_i)^2 - (t_s^* - t_i^*)^2)^2 \right) \\ Contraintes\, de\, propagation : \ (x_s - x_i)^2 + (y_s - y_i)^2 = (t_s^* - t_i^*)^2 \\ Contraintes\, de\, causalité : \ t_s^* < min_i(t_i^*) \end{cases} \quad (4.2)$$

On remarque la similarité entre ces contraintes et la notion des cônes de lumière utilisée dans la relativité restreinte. Ce problème est particulièrement hardu à résoudre analytiquement (termes en puissance 4). Aussi nous avons choisi de caractériser ce problème par simulations numériques.

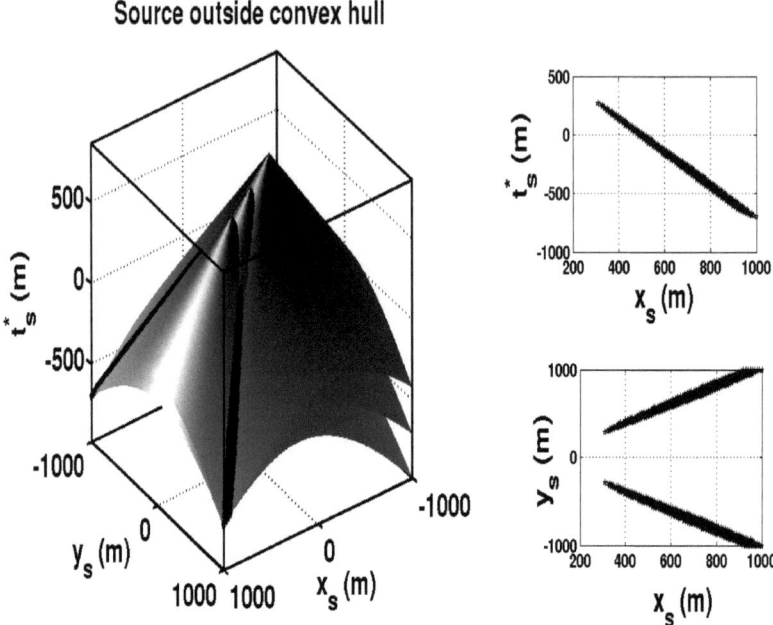

FIGURE 4.16 – Espace de phase dans le cas d'une source externe à l'enveloppe convexe du réseau et hors de la droite support d'antennes. L'espace de phase est à 3 dimensions et les contraintes construisent des cônes d'équation $t_s^* = t_i^* - \sqrt{(x_s - x_i)^2 + y_s^2} \ \forall \ i$. Une résolution graphique indique qu'on peut approcher l'intersection de tous les cônes par un ensemble de points localisés sur la demi-droite qui sont les minima locaux comme illustré dans l'encart à droite (les intersections de ces cônes pris deux à deux se trouvent sur des hyperboles).

Pour une source à l'intérieur de l'enveloppe convexe (voir la figure 4.19), l'intersection des cônes se réalise en un seul point. L'une des utilisations pratiques de ce résultat peut être illustrée dans le cadre des surveillances météorologiques et notamment pour la détection des impacts de foudre au sol (cf. figure 4.18).

Pour une source extérieure à l'enveloppe convexe (voir la figure 4.20), la fonction objectif présente plusieurs minima distribués sur une droite. C'est le piégeage des algorithmes de minimisation dans ces minima qui conduit à la dispersion et à la dégénérescence des résultats de localisation, d'autant que cet effet est amplifié si les conditions initiales de recherche des minima varient.

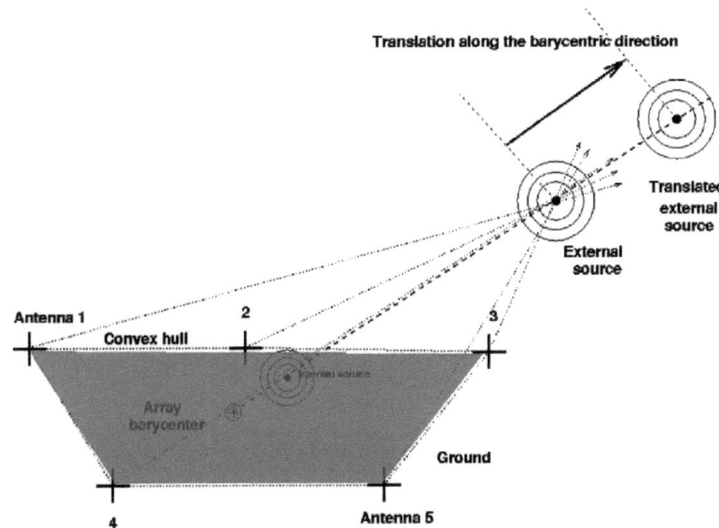

FIGURE 4.17 – Schéma du problème de reconstruction d'une onde sphérique par le réseau test (2D), avec une source localisée au sol. Pour cette configuration, l'enveloppe convexe est la surface colorée en rouge (On obtient le même résultat analogue pour une source placée dans le ciel).

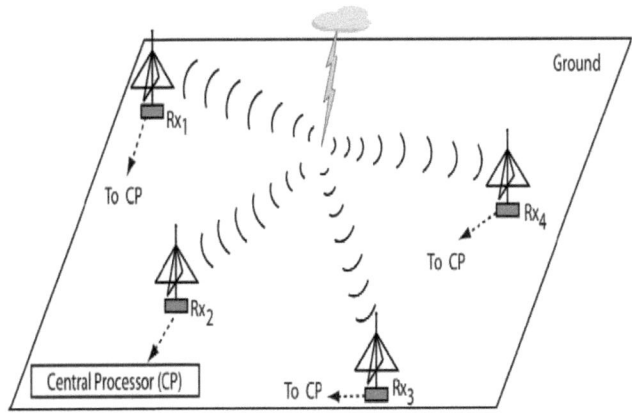

FIGURE 4.18 – Schéma montrant le principe de localisation du point d'impact de la foudre au sol par 4 antennes situées au sol. La localisation est précise dans ce cas puisque le point d'impact se trouve dans l'enveloppe convexe du réseau d'antennes [132].

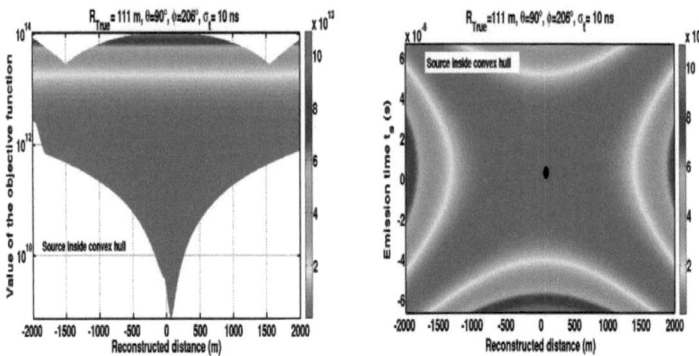

FIGURE 4.19 – Résultat de simulation donnant la projection des valeurs de la fonction objective en fonction de R, dans le cas d'un réseau surfacique (2D) et d'une source se trouvant au sol à l'intérieur de l'enveloppe convexe des antennes. Dans cette configuration géométrique, le problème a une solution unique bien marquée. **Le problème est bien posé**. En bas : projection de la fonction objectif dans le plan (R, t).

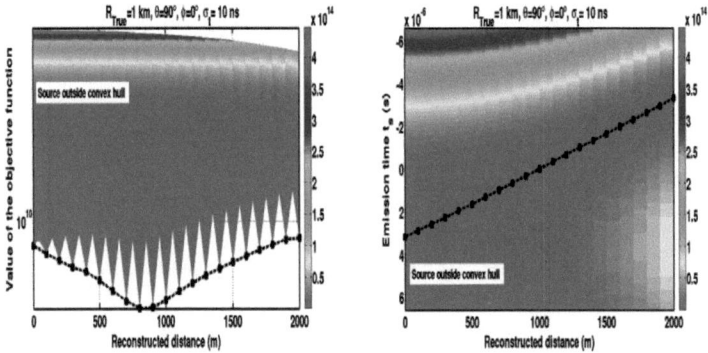

FIGURE 4.20 – En haut : Résultat de simulation donnant la projection des valeurs prises par la fonction objectif en fonction de R, dans le cas d'un réseau surfacique pour une source localisée à l'extérieur de l'enveloppe convexe. Cette configuration montre plusieurs minima locaux. L'approche fréquentiste stipule que la valeur la plus faible de la fonction objectif présente la meilleure estimation de la position de la source mais en pratique, les algorithmes de minimisation sont piégés dans ces minima locaux et **le problème est mal posé**. En bas : Projection de la fonction objectif dans le plan (R, t), dans le cas d'un réseau surfacique pour une source localisée à l'extérieur de l'enveloppe convexe. Cette configuration montre plusieurs minima locaux qui sont distribués sur une droite reliant le barycentre des antennes touchées et la vraie source.

4.4. CARACTÈRE MAL POSÉ DU PROBLÈME DE LOCALISATION

c) Cas d'un réseau volumique

L'extension du résultat précédent à celui d'un réseau volumique procède du même raisonnement que celui du passage du reseau linéaire (1D) à celui surfacique (2D), en faisant remarquer qu'il est possible de subdiviser l'espace du détecteur à 3 dimensions en plans de réseau de détecteurs à 2 dimensions. La superposition des surfaces convexes (voir les résultats précédents de la figure 4.19) construit alors un volume convexe de détection.

FIGURE 4.21 – Expérience Gerbes 3D : consiste à embarquer une station autonome sous un ballon captif. Figure tirée du site internet de CODALEMA.

Si l'intérêt évident d'une telle enveloppe convexe est d'enfermer le point d'émission dans le volume convexe de détection de façon à n'avoir qu'une solution pour les algorithmes de minimisation, du point de vue technique, la mise en opération d'un tel réseau de radio-détection induit de nouveaux défis. Il s'agit de disposer d'un certain nombre de capteurs en altitude. Sachant que pour des gerbes peu inclinées, l'altitude du X_{max} est de l'ordre de quelques kilomètres (dans le domaine $10^{17}\,eV - 10^{18}\,eV$), la disposition des détecteurs sur des cimes montagneuses risque d'être très contraignante. Par contre, le recours à des capteurs embarqués sur des ballons captifs devient séduisant. Bien que ne constituant pas la motivation principale de l'expérience, un premier pas vers cette possibilité est peut être offert par l'expérience de détection en ballon captif CODALEMA 3D qui a été testée en 2010 au dessus du détecteur CODALEMA à Nançay (voir la figure 4.21). Si les premiers tests semblent indiquer qu'il est possible de maîtriser le vol à basse altitude (<500 m) durant des périodes relativement longues (quelques semaines), l'un des résultats les plus défavorables et non anticipés est que le bruit vu par les antennes en altitude augmente considérablement par rapport à celui observé au niveau du sol. En altitude, la détection des transitoires semble soumise à des contraintes tout a fait nouvelles et mal connues.

Cette possibilité de détection se complique encore si l'on rappelle que l'émission radio étant focalisée, un détecteur situé au dessus de la source apparente d'émission ne recevrait que très peu de signal.

Si, concernant la radio-détection des grandes gerbes cosmiques, l'intérêt pratique du volume convexe est donc loin d'être prouvé, ce concept apparait plus attractif concernant la détection des neutrinos qui repose sur un volume dense de détection, comme ceux exploités dans les expériences ANTARES [160] ou ICECUBE [159]. La figure 4.22 illustre la propagation du front d'onde sphérique d'une onde électromagnétique créée par le développement d'une gerbe à l'intérieur de l'enveloppe convexe de l'expérience ICECUBE. Les résultats experimentaux montrent qu'une reconstruction très précise est obtenue.

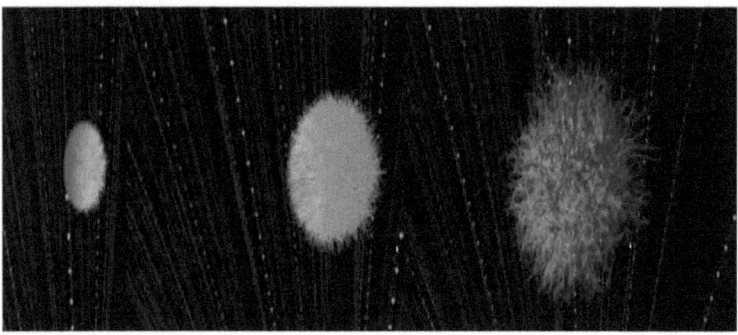

FIGURE 4.22 – Animation de l'évolution d'un front d'onde sphérique constitué par des photons dans le cadre de l'expérience ICECUBE.

4.5 Méthode proposée pour améliorer la reconstruction

Au cours de cette étude, dans l'objectif de trouver le point apparent de l'émission, nous avons utilisé une approche fréquentiste pour construire l'estimateur sphérique, couplée à une méthode d'optimisation déterministe, basée sur des algorithmes à gradients conjugués pour trouver le minimum de cet estimateur. L'utilisation de ces algorithmes de minimisation, que ce soit sur des données expérimentales ou simulées, a indiqué des écarts significatifs entre la position vraie et les positions reconstruites. Ces observations nous ont amené à faire l'hypothèse de la présence de plusieurs minima dans la fonction. En principe, l'existence de plusieurs minima n'est pas problématique car généralement les erreurs existant dans les données introduisent d'une manière naturelle une fluctuation dans les valeurs de la fonction objectif qui lave ces effets (ces fluctuations, qui sont généralement de faible amplitude, peuvent en effet créer des minima locaux, spécialement dans le cadre des problèmes non-linéaires [158]). De plus, les algorithmes de minimisation sont conçus de manière à éviter ces piégeages, notamment en utilisant des méthodes d'itération afin de s'assurer de la convergence vers la bonne solution, en combinant plusieurs méthodes de minimisation ; c'est par exemple le cas pour l'algorithme de Levenberg-Marquardt qui exploite l'algorithme de Gauss-Newton et la méthode de gradient (directions de descente), tout en explorant la totalité de l'espace de phase en faisant varier les conditions initiales. Malheureusement, dans notre cas avec l'estimateur de propagation de l'onde sphérique, nous n'avons pas réussi à reformuler le problème de manière à éviter ce phénomène de piégeage.

Parallèlement, l'étude mathématique de la fonction objectif a indiqué que les minima locaux étaient plus liés aux conditions de détection (position de la source par rapport au réseau d'antennes) qu'à une simple fluctuation générée par les erreurs entâchant les données (résultats de simulation pour des erreurs temporelles faibles). Nous avons alors trouvé plusieurs indications mathématiques (cas du réseau linéaire d'antennes) indiquant que la distribution géométrique de ces minima n'était pas aléatoire dans l'espace de phase, mais qu'elle formait une demi-droite joignant le barycentre des détecteurs et la position vraie de la source [8].

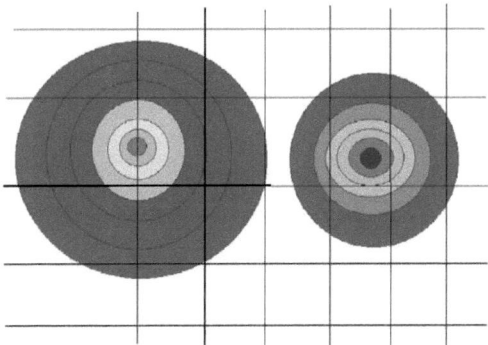

FIGURE 4.23 – Projection des valeurs d'une fonction à plusieurs minima locaux dans l'espace de phase. Un choix erroné du maillage peut biaiser l'estimation de la solution globale.

Ces observations nous ont conduit à essayer une autre méthode de calcul, en évitant le recours aux algorithmes de minimisation usuels. Afin de contourner le problème de piégeage des algorithmes de minimisation dans les minima locaux, nous avons choisi de chercher les minima directement en

---

8. Dans ce cadre, il n'est pas impossible de penser que la largeur latérale de cette distribution pourrait refléter les fluctuations de la fonction objectif dues aux erreurs expérimentales sur le temps et pourrait donc renseigner cette quantité de manière intéressante. Faute de temps, cette piste de travail n'a pu être investiguée.

calculant les valeurs de la fonction objectif sur une grille cubique à 4 dimensions, dans une région réduite de l'espace de phase au voisinage de la solution à priori (direction donnée par le fit plan), et en supposant que le minimum de la fonction objectif correspond à la meilleure estimation de la position de la source d'émission (en accord avec une approche fréquentiste). Cette méthode rentre dans les algorithmes heuristiques (algorithme approximatif), qui donne une solution approchée au problème dans un temps raisonnable et en diminuant la complexité.

Pour ce faire, les résultats de reconstruction de l'ajustement plan (θ, ϕ) sont tout d'abord utilisés comme a priori pour restreindre la recherche dans une région de confiance et éviter l'exploration de tout l'espace de phase à 4 dimensions. Cependant, dans cette stratégie, le choix adéquat de maillage de la grille devient crucial. En effet, comme le suggère intuitivement la figure 4.23, pour la fonction présentée, la précision dans la localisation du vrai minimum dependra à la fois de la finesse du maillage, de la position du maillage par rapport aux extrema, et du contraste entre les deux minima : par exemple, un maillage trop petit peut conduire à "rater" les deux extrema ; un maillage ne "tombant" pas sur le minimum peut amener à ne retenir que le second extréma.

Dans notre cas, le choix de la métrique tient compte des valeurs des angles (θ, ϕ) ainsi que de la résolution angulaire du réseau d'antennes estimée à $0, 1°$ pour les deux angles. Pour les variables spatiales, la valeur de métrique est choisie en considérant la quantité $(c^2\sigma_t^2)^2$, (de l'ordre du m^4). La valeur du rayon de courbure R_s est laissée libre dans l'intervalle $0, 1-20\,km$ (cette valeur supérieure représente la valeur limite exploitable pour la recherche d'une information de la courbure de l'onde en tenant compte de la valeur actuelle de la résolution temporelle). Un résultat préliminaire obtenu avec notre méthode est présenté dans la figure 4.24 et comparé au résultat de la reconstruction avec l'algorithme de minimisation LVM. Les paramètres reconstruits pour différentes distances de source et différentes valeurs d'erreur temporelle sont présentés dans le tableau 4.4 et peuvent être comparés à ceux du tableau 4.2.

4.5. MÉTHODE PROPOSÉE POUR AMÉLIORER LA RECONSTRUCTION

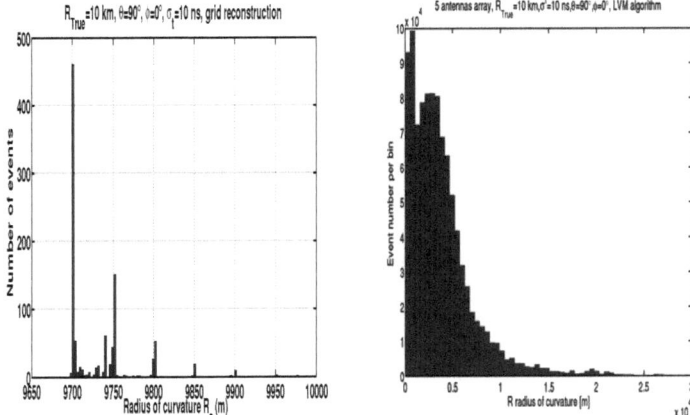

FIGURE 4.24 – Histogramme des positions reconstruites d'une source localisée à $10\,km$ du réseau d'antennes, et en utilisant une méthode de recherche du minimum absolu de l'ensemble des minima pour chaque événement sur une grille où sont calculées les valeurs de la fonction objectif. A droite le résultat de la reconstruction avec l'algorithme de minimisation LVM. R_{mode} est la distance la plus probable et R_{moyen} est la distance moyennée sur toute la distribution.

Résultats de reconstruction				
$\sigma_t(ns)$	$R_{true}(m)$	$R_{mean}(m)$	$R_{mode}(m)$	$\sigma^R(m)$
0	1000	1000	1000	0
	3000	3000	3000	0
	10000	10000	10000	0
3	1000	1010	998	58
	3000	2964	2700	214
	10000	9806	9700	161
10	1000	987	902	150
	3000	2780	2700	149
	10000	9734	9700	50

TABLE 4.4 – Paramètres reconstruits par notre méthode avec les mêmes sources utilisées que dans le tableau 4.2.

La comparaison entre les deux tableaux montre que les résultats de reconstruction avec cette méthode s'améliorent puisqu'on peut localiser une source située au sol avec un biais systématique de 300 m et une erreur de 50 m (cf la figure 4.24 de gauche).

4.6 Conclusion

L'analyse des résultats expérimentaux a indiqué que les méthodes courantes de localisation d'une source émettrice d'une onde électromagnétique de front d'onde sphérique, pouvaient induire une mauvaise estimation de la localisation de la source d'emission. Afin de mieux comprendre ces observations, nous avons developpé une étude mathématique de la fonction objectif associée à cette émission, reposant sur l'analyse de sa convexité et de ses points critiques. Concernant la convexité, nous avons trouvé qu'elle dépendait de la position de la source et des antennes. Nous trouvons que cette fonction n'est généralement que localement convexe et présente donc des minima locaux. Ce sont ces minima locaux qui sont à l'origine des résultats médiocres fournis par les algorithmes de minimisation. Concernant les points critiques, une formule analogue à une formule de barycentre a été trouvée à partir de la condition d'optimalité du premier ordre. Nous avons constaté que dans la plupart des cas, cette équation était difficile à résoudre. Pour tenter cette résolution, nous avons alors utilisé une approche intuitive afin de caractériser le comportement des points critiques dans l'espace de phase, d'une part en utilisant une réduction dimensionnelle du problème par l'étude d'un réseau de détection linéaire (puis surfacique et volumique) et d'autre part en spécifiant les contraintes physiques associées à la propagation de l'onde. Cette méthode nous a alors permis de comprendre que l'origine de la dégénérescence observée était liée aux propriétés de l'équation d'onde (comme l'invariance par translation et par renversement temporel [156]) et de mettre en évidence que la position de la source par rapport au réseau d'antennes jouait un rôle capital dans le problème de localisation en débouchant sur le concept d'enveloppe convexe du détecteur.

Partant de l'étude d'un réseau linéaire de détection, en utilisant une approche intuitive, nous avons appréhendé les résultats pour un réseau à 2 dimensions (surfaciques) de détection en remarquant qu'il était possible de dissocier ce réseau en autant de sous-réseaux linéaires. La superposition de toutes les enveloppes convexes des sous-réseaux conduit au concept d'une enveloppe convexe surfacique construite par les antennes périphériques touchées (voir la 4.18 et 4.19). L'extrapolation du raisonnement dans le cas d'un réseau de détection en 3 dimensions (volume de détection), comme celui de radiodétection en 3D avec l'expérience CODALEMA 3D (ou encore les expériences ICECUBE ou ANTARES) devrait conduire au concept du volume convexe.

Sans pouvoir le démontrer de manière parfaitement rigoureuse, nous avons trouvé des fortes indications, issues des résultats expérimentaux et de notre approche mathématique, qui indiquent que les points critiques se distribuent dans l'espace de phase sous forme d'une demi-droite joignant le barycentre de l'enveloppe convexe à la position réelle de la source.

La position du barycentre des antennes touchées joue donc aussi un rôle important dans l'explication de la dégénérescence puisque les demi-droites passent toujours par ce point. Cette constatation sera mise à profit pour développer une nouvelle méthode pour améliorer la reconstruction, d'autant qu'un minimum global semble exister.

D'une manière générale, le probleme de localisation apparait sous la forme suivante :

4.6. CONCLUSION

- Si la source réelle se trouve à l'intérieur de l'enveloppe convexe du réseau, la solution est unique.
- Si la source réelle se trouve à l'extérieur de l'enveloppe convexe du réseau, la fonction objectif présente plusieurs minima. La solution n'est plus unique pour les algorithmes de minimisation.

Ainsi, la position de la source, à l'intérieur ou à l'extérieur du réseau, influe sur la bonne convergence des algorithmes de minimisation vers la solution vraie.

Nous avons alors déduit que le problème de localisation pouvait devenir un problème mal-posé au sens de Hadamard (cf. annexe).

Pour l'heure, afin de tenter de résoudre notre problème de localisation avec un réseau 2D, et tenter de contourner les difficultés rencontrées en utilisant les algorithmes de minimisation standard, nous avons développé une méthode empirique, basée sur la discrétisation de l'espace de phase et la recherche sur une grille en se basant sur le calcul de la fonction objectif à chaque point de la grille. Cette approche semble pour l'instant offrir une estimation aussi bonne que pour les algorithmes habituels utilisés pour localiser la source, en gardant à l'esprit que cette méthode n'est pas optimale par rapport à la théorie de l'optimisation.

De nouveaux développements mathématiques sont encore certainement nécessaires, basés sur des théories statistiques avancées, par exemple en ajoutant des informations supplémentaires (comme l'amplitude du signal ou du profil latéral radio RLDF). Cela pourrait se faire en essayant de construire une fonction objectif généralisée qui inclut ces paramètres.

L'utilisation d'une approche pluridisciplinaire pourrait aussi fournir des pistes de travail par exemple certaines problématiques en géophysiques (ou même en localisation GPS, Wifi) semble confrontées à une problématique assez similaire. Par exemple, la localisation de la source d'un séisme, à partir de mesures faites par plusieurs stations sismiques réparties sur la surface du globe terrestre ou la tomographie d'un gisement pétrolier [150] se trouvant à quelques km en-dessous de nos pieds, sont des problèmes inverses qui mettent en jeu des lois de propagation d'onde et une fonction objectif à minimiser très analogues à ceux qui nous occupent en radio-détection des rayons cosmiques. Le tableau 4.5 présente une comparaison entre ces deux problématiques.

Rayons cosmiques	Géophysique
Localisation de la source apparente à l'aide d'un réseau d'antennes	Tomographie séismique par réflection (seismic reflection tomography)
vitesse $c = 3.10^8\, m.s^{-1}$ paramètre de résolution temporelle = $\frac{1}{c} = 3,33\, ns.m^{-1}$ distance source 5 km	Célérite d'une onde acoustique dans un mileu dense (terre) $v < 3000\, m.s^{-1}$ paramètre de résolution temporelle = vitesse inverse $\frac{1}{v} = 0,33\, ms.m^{-1}$ distance source 1-50 km
onde colimatée (quelques degrés autour de son axe)	Onde dans 4π *stéradian*
une seule réalisation	plusieurs réalisations (estimateur statistique) ou durée d'émission longue
Toplogie du réseau de capteurs plutôt figée	Topologie du réseau de capteurs plus adaptative

TABLE 4.5 – Comparaison de deux problématiques analogues (forme de la fonction objectif) de reconstruction de la position de la source d'émission.

Conclusion générale

Abandonnée au début des années 1970 à cause de difficulté d'interprétation, la radiodétection des grandes gerbes atmosphériques initiées par les rayons cosmiques d'ultra-haute énergie, est de nouveau étudiée depuis le début des années 2000, comme l'une des méthodes de détection complémentaires à la détection de fluorescence ou des particules secondaires au sol, qui sont actuellement intensivement exploitées. L'expérience CODALEMA, installée depuis 2002 à l'observatoire de radio-astronomie de Nançay, est l'une des expériences pionnières dans cette problématique. Basée sur l'utilisation d'antennes passives, puis actives, et maintenant de stations de radio-détection autonomes et auto-déclenchées, depuis plus de 10 ans, l'expérience CODALEMA constitue un outil unique d'investigation pour la communauté. Elle a permis de préciser de manière non ambigue un certain nombre d'observables radio caractérisant la gerbe atmosphérique, comme par exemple la direction d'arrivée, le point d'impact de la gerbe au sol, le profil latéral du champ électrique, ou encore le mécanisme dominant d'émission du signal (l'asymétrie nord-sud signant l'effet géomagnétique dû à la force de Lorentz a été ré-actualisée dans ce travail (chapitre 2) avec une statistique en événements augmentée) [12].

Pour autant, jusqu'à présent l'estimation de l'énergie grâce à la technique de la radio n'avait été que préliminairement abordée [1, 6, 7], bien que cette étape constitue sans aucun doute possible un point de passage inévitable si l'on envisage l'exploitation intensive de cette technique. De même, les propriétés des fronts d'onde radio sont aussi restées mal déterminées [8, 9, 10], bien que leur connaissance pouvait être considérée comme l'une des premières étapes pour extraire des informations sur la gerbe des particules secondaires et donc la nature de la particule cosmique primaire.

L'une des étapes incontournables actuelles était donc d'améliorer notre compréhension de ces deux observables, d'autant qu'elles se trouvent aussi toutes deux au centre de la problématique d'identification de la nature du primaire par la méthode radio puisque le X_{max} dépend à la fois de l'énergie et de la nature du primaire. Ce travail de thèse s'inscrit précisément dans cette démarche prospective avec l'ambition d'affiner les analyses antérieures, relatives à l'extraction d'une observable radio de l'énergie [1] et ainsi que de débuter une étude concernant l'estimation du point apparent de l'émission radio.

Après avoir rappelé au chapitre 1 et 2 le contexte général utile à ces analyses, dans le chapitre 3, nous avons décrit la méthode de calibration en énergie de la particule primaire en s'appuyant sur les données de l'expérience CODALEMA II. L'analyse de la corrélation entre l'énergie fournie par le détecteur de particules et le champ électrique ϵ_0 extrapolé sur l'axe de la gerbe, nous a conduit à formuler une relation entre ces deux quantités. Nous démontrons que la seule correction par l'effet géomagnétique conduirait à surévaluer très largement l'énergie attribuée à certains évènements radio-détectés. Nous avons déduit qu'une contribution supplémentaire est également à l'origine de la formation du signal radio. Pour l'heure, la relation la plus satisfaisante, $\epsilon_0 = E_p|(\vec{v} \wedge \vec{B})| + E_p c$ nous a semblé plaider en faveur d'un mélange de plusieurs effets dans l'émission radio : loin de la direction du champ géomagnétique, le mécanisme d'émission induit par la force de Lorentz est dominant, sinon un mécanisme d'émission plus directement lié à la charge totale crée dans la gerbe ne peut plus être négligé. Compte tenu de la statistique disponible limitée des évènements, il n'a pas été possible d'identifier fermement ce second mécanisme d'émission, bien que des effets fortement liés à la cohérence ou à l'excès de charge soient envisagés. Seule, la disponibilité de nouvelles données permettrait d'affiner ces hypothèses. Pour l'instant une résolution en énergie de l'ordre de 20% est déduite et apparait au moins aussi séduisante que celle couramment obtenue avec des détecteurs des particules, et donc utilisable. Par contre, même si une recette de calibration absolue de l'énergie par la méthode radio reste encore à écrire, suite à la publication de ce travail [2,11], une approche très similaire est actuellement développée par la collaboration AERA [3].

Relevant de l'étude de la localisation du point apparent de l'émission radio qui est présentée au chapitre 4, une nouvelle approche a été développée dans ce travail, conduisant à une interprétation différente des observations expérimentales déjà publiées [4, 9, 10]. Partant des observations expérimentales issues de l'expérience CODALEMA III (qui utilise une technique de déclenchement autonome en radio et non plus un déclenchement reposant sur les détecteurs des particules) et de l'analyse des résultats des algorithmes de minimisation, nous avons cherché à comprendre les observations en remarquant que ce problème de localisation de la source d'émission appartenait à une classe plus générale de problèmes appelée "problèmes inverses". Fondant notre raisonnement sur les constations d'un mauvais conditionnement du problème de localisation de la source d'une onde sphérique et de l'existence de dégénérescence des solutions (mise en évidence par les calculs de la matrice Hessienne de la fonction objectif non-définie positive et du critère de Sylvester), nous concluons que la localisation de la source pouvait devenir un problème mal-posé au sens de Hadamard, suivant la position de la source d'émission par rapport au réseau de détection. Partant d'une approche par analyse-synthèse dans le cas d'un réseau linéaire d'antennes et en explicitant les contraintes physiques de propagation de l'onde, nous trouvons que la fonction objective possède des minima locaux se distribuant dans l'espace de phase sur une demi droite (très analogue aux observations expérimentales). Le concept d'enveloppe convexe de réseau d'antennes touchées nous a alors permis de comprendre que le problème de localisation devenait bien posé dans le cas où la source se trouvait à l'intérieur de cette enveloppe. Pour contourner ce problème, nous avons essayé une méthode heuristique de recherche de minimum absolu sur une grille dans un espace de phase réduit à priori en introduisant des informations d'un ajustement plan de direction d'arrivée. Pour l'heure, des développements supplémentaires et de nombreux tests seront sans aucun doute encore nécessaires pour valider cette approche et pouvoir l'exploiter de manière sécurisée [5].

Finalement, une partie cachée du travail de cette thèse s'est consacrée à l'instrumentation nucléaire avec les tests, la validation, l'implémentation sur les cartes électroniques des logiciels et à la participation aux opérations de déploiement effectif sur terrain du réseau des stations autonomes de CODALEMA III depuis l'été 2009.

Bibliographie

[1] T. Saugrin. Radiodétection et caractérisation de l'émission radio des gerbes cosmiques d'énergie supérieure à 10^{16} eV avec l'expérience CODALEMA. PhD thesis, Université de Nantes, Ecole Doctorale STIM, 2008.

[2] P. Lautridou et al. Some possible interpretations from data of the CODALEMA experiment. Proceeding of the ARENA2012 conference, Erlangen, Germany. Accepted to be published in AIP. arXiv :1210.5356

[3] K. Weidenhaupt et al. Update on Radio Energy Calibration, AERA Meeting February 2013, Physics Institute III A RWTH Aachen.

[4] Diego Torres Machado (for the CODALEMA Collaboration), Latest results of the CODALEMA experiment : cosmic rays radio detection in a self trigger mode, 2013 J. Phys. : Conf. Ser. 409 012074.

[5] Ahmed Rebai, et al., "Ill-posed formulation of the emission source localization in the radiodetection experiments of extensive air showers" ArXiv :1208.3539 (Sous revision Astroparticle Physics Journal Elsevier).

[6] A. Horneffer et al., "Primary Particle Energy Calibration of the EAS Radio Pulse Height", in Proc. of the 30th ICRC (Mérida, mexico), 2007.

[7] O. Ravel (for the CODALEMA Collaboration), Nucl. Instr. and Meth. A662, (2012), pp. S89-S94.

[8] S. Lafebre, et al., Astropart. Phys. 34, (2010), pp. 12–17.

[9] D. Ardouin et al., Astropart. Phys. 34, (2011), pp. 717–731.

[10] K. Weidenhaupt (for the Pierre Auger Collaboration), "AERA-The Auger Engineering Radio Array", in XIV Vulcano Workshop (Vulcano, Italy), 2012, to be published in Acta Polytechnica.

[11] Ahmed Rebai, et al., "Correlations in energy in cosmic ray air showers radiodetected by CODALEMA" ArXiv :1210.1739 (Sous revision Astroparticle Physics Journal Elsevier).

[12] Ahmed Rebai (for the CODALEMA Collaboration) "Some recent results of the CODALEMA experiment", Proc. of the annual meeting of the French Society of Astronomy and Astrophysic SF2A, Paris, June 2011, G. Alecian, K. Belkacem, R. Samadi and D. VallsGabaud (eds). ArXiv :1211.3273.

Chapitre 5

Annexe

5.1 Rappels mathématiques

5.1.1 Approche fréquentiste ou bayésienne

D'une manière générale, l'observation expérimentale consiste à collecter des données pour tester la validité d'une théorie ou d'une hypothèse qui se basent sur un modèle analytique dépendant de plusieurs paramètres. Pour ce faire, un estimateur (appelé aussi une fonction objectif) est construit, qui mesure l'accord entre les données et le modèle. L'approche est dénommée "fréquentiste" [142] si cet estimateur est construit de telle façon que son minimum global représente l'accord parfait, c'est-à-dire la solution recherchée avec une certaine erreur. Elle est nommée "bayésienne" si l'estimateur représente une probabilité des paramètres pour lesquels son maximum global représente l'accord parfait, c'est-à-dire la solution avec une certaine probabilité. Par exemple, ces paramètres peuvent servir à extrapoler des mesures expérimentales dans un intervalle d'énergie donné vers une énergie plus grande comme nous l'avons fait au chapitre 3 pour la corrélation entre l'énergie de la particule primaire et le champ électrique, ou encore à estimer la position spatiale de la source d'un signal, et qui fait l'objet de ce chapitre qui complémente le chapitre 4.

Dans l'approche fréquentiste, la détermination d'un paramètre estimé α fait appel à la probabilité $p(X|\alpha)$ d'observer la mesure X pour une valeur de α donnée. Cette probabilité correspond à la fréquence d'occurrence de la mesure X si l'on répète l'expérience un grand nombre de fois. On définit alors la fonction du maximum de vraisemblance (likelihood) comme le produit des probabilités associées à chacune des expériences : $L(\alpha) = \prod_{i=1}^{N} p(X_i|\alpha)$ avec $p(X_i|\alpha)$ la fonction densité de probabilité de la mesure X_i pour un α. Quantitativement, on suppose que chaque mesure X_i est affectée par une erreur aléatoire et distribuée selon une distribution gaussienne autour de la vraie valeur $Y(X)$ avec la déviation standard σ_i (l'erreur de ces distributions gaussiennes). La fonction du maximum de vraisemblance s'écrit alors $L(\alpha) = \prod_{i=1}^{N} exp(-\frac{1}{2}.(\frac{Y_i-Y(X_i)}{\sigma_i})^2).dY$. Finalement, le paramètre est estimé d'une manière qui assure sa valeur dans un intervalle de confiance qui représente conventionnellement 95% des cas possibles (ou d'autres valeurs comme 68%, 99.7%, etc.). Cette approche nécessite de construire des modèles paramétriques comme les distributions normales, de student ou de χ^2.

L'approche Bayésienne considère le paramètre α comme une variable aléatoire à laquelle on peut associer une fonction densité de probabilité $p(\alpha|X)$, et que l'on peut contraindre grâce à la mesure X en utilisant le théorème de Bayes stipulant que $p(\alpha|X) = \frac{p(X|\alpha).p(\alpha)}{p(X)}$. Le terme $p(\alpha)$ est la densité de probabilité de α à priori, aussi appelé "prior". Elle précède toute information sur X et doit être choisie arbitrairement. Dans ce cas, l'intervalle de confiance est construit suivant cette distribution. Cette approche considère l'inconnue comme un paramètre, le terme inconnu inclut par exemple l'information manquante ou les modèles non-identifiables et on s'intéresse à la vérification après l'identification des paramètres.

Pour notre étude, nous avons choisi d'utiliser une approche fréquentiste afin de s'éviter l'introduction d'un prior arbitraire qui pourrait biaiser l'estimation de la position de source (le lecteur trouvera dans ce chapitre une discussion sur la méthode de recherche en aveugle utilisée pendant l'estimation). De même nous avons choisi d'exploiter la forme traditionnelle en χ^2 (dite explicite) de la fonction objective. Par ailleurs, lors de l'analyse bibliographique de notre problème, nous avons constaté que l'utilisation de l'approche Bayésienne s'est limitée jusqu'à présent à l'estimation de la direction d'arrivée du signal, alors que notre objectif est la localisation de la position spatiale de la source [143].

5.1.2 Optimisation déterministe ou stochastique

L'optimisation est une branche des mathématiques qui a pour but de trouver la meilleure solution possible d'un problème donné. Par exemple, en mécanique comme un système en mouvement tend toujours vers la position qui lui permet de consommer le moins d'énergie possible, les mécaniciens cherchent toujours les meilleurs paramètres qui optimisent la performance de leurs machines. En finance, les investisseurs sur les marchés financiers cherchent à constituer des portefolios qui évitent les risques excessifs tout en garantissant un taux de rentabilité élevé, etc. D'une manière générale le problème peut se traduire sous la forme suivante :

$$\begin{cases} minimiser\ f(x) \\ soumis\ \grave{a}\ c_i(x) \leq b_i,\ i = 1, ..., m \end{cases}$$

où $x = (x_1, ..., x_n)$ est un vecteur de paramètres du problème, la fonction $f : \mathbb{R}^n \to \mathbb{R}$ est l'estimateur (appelée aussi fonction objectif), les fonctions $c_i : \mathbb{R}^n \to \mathbb{R}$, $i = 1, ..., m$, sont les contraintes du problème, et les constantes $b_1, ..., b_m$ sont les limites, ou les bornes des contraintes. La solution du problème est le vecteur x_s satisfaisant les inégalités suivantes :

$$\forall z,\ c_1(z) \leq b_1, ..., c_m(z) \leq b_m, f(z) \geq f(x_s)$$

5.1. RAPPELS MATHÉMATIQUES

et est obtenue par la minimisation d'une fonction objectif d'une manière analytique. Comme dans le cas de l'étude de corrélation entre l'énergie de la particule primaire et le champ électrique sur l'axe de la gerbe où nous avons minimisé la fonction suivante (voir le chapitre 3) :

$$\chi^2 = \sum_{i=1}^{N} \frac{[\epsilon_{0i} - (\alpha.E_{pi} + \beta)]^2}{[(\sigma^{\epsilon_{0i}})^2 + \alpha^2.(\sigma^{E_{pi}})^2]}$$

ou bien la triangulation plane linéarisée (voir la fin du chapitre 2) où la fonction à minimiser a pour expression :

$$\chi^2 = \sum_{i=1}^{N} (\frac{c.t_i - c.t_0 + x_i.u + y_i.v}{c.\sigma_i})^2$$

En optimisation déterministe, les grandeurs pertinentes sont les vecteurs des paramètres x. Par contre en optimisation stochastique, les grandeurs pertinentes sont des lois de probabilités ; pour cela les algorithmes utilisent des informations a priori sur les paramètres inconnus du modèle pour produire la solution du problème. De point de vue pratique, on classe généralement la qualité des algorithmes d'optimisation en fonction de leurs propriétés, comme la robustesse (qui qualifie la capacité de l'algorithme à trouver la solution pour plusieurs classes de problèmes différents et ceci en fonction des valeurs initiales raisonnables), l'efficacité (qui qualifie les ressources nécessaires en temps d'exécution ou bien en mémoire vive), la précision (qui identifie la capacité à fournir et à identifier la solution avec précision en réduisant la sensibilité aux différentes types des erreurs cf la figure 4.9).

Eu égard à la complexité de l'approche stochastique par rapport à celle déterministe [144] et pour éviter l'introduction d'un prior arbitraire (cf. paragraphe précédent), nous avons choisi d'utiliser des algorithmes déterministes pendant le processus de minimisation de la fonction objectif.

5.1.3 Convexité d'une fonction

Comme nous venons de le voir, les algorithmes d'optimisation font appel à de nombreux outils de l'analyse mathématique. Dans ce cadre, l'analyse convexe occupe une place capitale car un théorème important et néanmoins intuitif énonce que si un minimum est local pour une fonction convexe, il est automatiquement global. Dans une première analyse, suivant ce théorème, montrer qu'il existe une solution à un problème donné de minimisation reviendra donc à démontrer que la fonction objectif est convexe.

On dit qu'une fonction $f : \mathbb{R}^n \to \mathbb{R}$ est convexe si pour $0 \leq \alpha \leq 1$ et pour tout x et y du domaine de définition de f si elle vérifie l'inégalité :

$$f(\alpha.x + (1-\alpha).y) \leq \alpha.f(x) + (1-\alpha).f(y)$$

Il vient que si f est deux fois différentiable alors sa dérivée seconde (hessienne) existe. Si f est convexe la hessienne est semi-définie positive. On dit que la fonction est coercive lorsque la fonction tend vers l'infini à l'infini.

Enveloppe convexe : Par extension, on définit la notion de convexité pour un ensemble de points ζ dans un espace euclidien E. Un ensemble de points est convexe si, quelques soient deux points de l'ensemble, sont reliés par un segment à l'intérieur de l'ensemble lui-même, autrement dit :

$$\forall\, x, y \in \zeta : (1-\alpha).x + \alpha.y \in \zeta,\ \forall \alpha \in [0, 1]$$

Dans le cas concret des espaces affines, si E est un espace affine et P une partie non vide de E l'intersection de toutes les parties de E contenant P est appelée enveloppe convexe de P. C'est le plus petit convexe contenant P. Par exemple, l'enveloppe convexe d'une paire de points $\{A, B\}$ est l'intervalle $[AB]$ (cf. figure 4.13) Dans le plan euclidien, l'enveloppe convexe d'un nombre fini de points de E est le domaine polygonal convexe fermé d'aire minimale que l'on peut obtenir en joignant des points de P (par des droites formant les côtés) (cf. figure 5.1 et figure 4.17). Dans l'espace, on obtiendrait de façon semblable un polyèdre convexe (au moyen de plans formant les faces). (cf. paragraphe sur le réseau volumique).

C'est la raison pour laquelle, nous avons utilisé cette notion pour caractériser la position de la source par rapport au réseau d'antennes (enveloppe convexe du détecteur) dans le chapitre 4. De plus, pour notre problématique, on pourra remarquer que l'ensemble des points critiques pour lesquels la solution est unique forment l'enveloppe convexe.

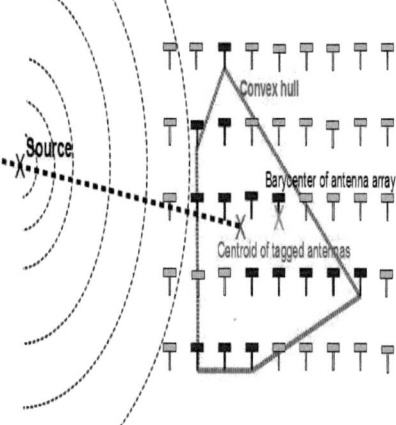

FIGURE 5.1 – Exemple possible d'une enveloppe convexe pour un réseau 2D d'antennes et pour un évènement détecté particulier. Les marqueurs noirs sont les antennes touchées. La ligne rouge représente l'enveloppe convexe correspondante. La croix rouge représente le barycentre des antennes touchées, la croix bleue représente le barycentre du réseau d'antennes.

5.1.4 Problème bien posé, problème mal posé

La classification de Hadamard 1902 La classe de problèmes mal posés est identifiée pour la première fois par le mathématicien français Jacques Hadamard en 1902 [149] qui montre qu'un problème pour lequel une faible erreur arbitraire au niveau des conditions aux limites donne lieu à une grande erreur au niveau de la solution est un problème mal posé. Inversement, un problème de la physique mathématique est dit bien posé au sens d'Hadamard s'il satisfait aux 3 conditions suivantes :

1. La solution existe (cette condition exprime la cohérence du modèle mathématique) ;
2. La solution est unique (cette condition fait que sa situation réelle est bien définie) ;
3. La solution est stable c'est-à-dire des faibles variations aléatoires des différents paramètres du problème comme les valeurs initiales, les conditions aux limites ou les coefficients du modèle n'induisent que des faibles variations de la solution.

Par exemple, loin de la charge le potentiel électrique induit par une charge électrique ponctuelle ou par une distribution volumique de charges électriques est le même alors que la mesure de l'amplitude du potentiel ne donne aucune information sur la nature de la distribution des charges électriques. On dit que le problème est mal posé.

Dans la suite de cette étude, nous montrerons que de manière phénoménologique, le problème de la reconstruction de la position de la source pour l'émission sphérique peut amener à un problème mal posé.

Conditionnement d'un problème L'une des techniques de diagnostic du caractère bien ou mal posé d'un problème d'optimisation est donnée par le calcul du conditionnement de la matrice hessienne (voir par exemple [150]). Ce calcul mesure l'effet des petites erreurs sur la solution du problème. Il est mis en évidence par une perturbation des données initiales. Dans le cas d'un problème bien posé, les erreurs sur les données induisent des erreurs du même ordre de grandeur sur la solution. Un problème bien posé conduit à une valeur faible du conditionnement (proche de 1). Un problème mal posé conduit à une valeur élevée de conditionnement ($>> 1$).

Le conditionnement est défini pour un système linéaire $A.x = b$ avec A une matrice inversible comme [1] $cond(A) = \frac{\lambda_{max}}{\lambda_{min}} = \|A\|.\|A^{-1}\|$ la norme $\|.\|$ étant choisie parmi : la norme 1 :, $\|A\|_1 = max_j \sum_{i=1}^n |a_{ij}|$, la norme 2 : [2], $\|A\|_2 = \sqrt{\rho(A^t A)}$, la norme de Froebenius, $\|A\|_{Froebenius} = \sqrt{\sum_{i,j} |a_{ij}|^2}$ avec a_{ij} sont les coefficients de la matrice A et la norme ∞ :, $\|A\|_\infty = max_i \sum_{j=1}^n |a_{ij}|$.

(Pour être rigoureux, un critère théorique du caractère mal conditionné des problèmes est généralement utilisé : des valeurs très grandes de cond(A). Ajoutons, qu'un problème peut être mathématiquement bien posé mais numériquement mal posé si la précision des calculs est de l'ordre de 10^{-10} mais peut redevenir bien posé si la précision est de l'ordre de 10^{-20}. La précision numérique agit donc aussi sur le caractère du problème [140, 141]).

---

1. λ_{max} la plus grande valeur propre de A et λ_{min} la plus petite valeur propre de A.
2. $\rho(A) = max|\lambda_i|$ le rayon spectral d'une matrice A carrée, où λ_i est la valeur propre de A.

Concernant notre problème de la localisation de la source dans le cas d'une émission sphérique, nous avons calculé le conditionnement en utilisant l'expression analytique de la matrice hessienne et avec plusieurs normes ($\|.\|_1$, $\|.\|_2$, $\|.\|_\infty$, $\|.\|_{Froebenuis}$). Nous avons calculé le conditionnement en fonction de plusieurs paramètres comme la résolution temporelle, le rayon de courbure et le nombre d'antennes. Nous trouvons que le conditionnement est de l'ordre de 3000, valeur très supérieure à 1 qui indique le caractère mal posé de notre modèle de localisation [3].

5.2 Annexe sur le calcul symbolique de la matrice hessienne de la fonction f

Dans ce qui suit, nous donnons les expressions du gradien et du hessien de f en utilisant un un calcul symbolique. Ce calcul est utile au cours de notre étude de l'ensemble des points critiques. En utilisant alors les mêmes notations du tableau 4.3 , la fonction objectif peut s'écrire :

$$f(X_s) = \frac{1}{2}\sum_{i=1}^{N} f_i^2(X_s)$$

avec $f_i(X_s) = (X_s - X_i)^T \cdot M \cdot (X_s - X_i) = \|\vec{r_s} - \vec{r_i}\|^2 - (t_s^* - t_i^*)^2$, M étant la matrice de Minkowski. L'application d'une dérivée sur le produit donne la formule suivante :

$$\nabla f(X_s) = \sum f_i(X_s) \cdot \nabla f_i(X_s)$$

L'utilisation de la bilinéarité du produit scalaire, permet de montrer que

$$\nabla f_i(X_s) = 2M \cdot (X_s - X_i)$$

L'injection de la dernière expression dans l'expression de ∇f , permet alors d'obtenir l'expression :

$$\nabla f(X_s) = \sum f_i(X_s) \cdot \nabla f_i(X_s)$$
$$= \sum f_i(X_s) \cdot 2M \cdot (X_s - X_i)$$

Le gradient de la fonction f (ou jacobien) peut s'écrire comme suit :

$$\frac{1}{2}\nabla f(X_s) = \left(\sum f_i(X_s)\right) M \cdot X_s - M \cdot \left(\sum f_i(X_s) X_i\right)$$

(Cette expression permet d'exprimer les points critiques) En appliquant la même démarche de calcul, la matrice de la dérivée seconde (matrice hessienne) est donnée par la formule suivante :

$$\nabla^2 f(X_s) = \sum \nabla f_i(X_s) \cdot \nabla f_i(X_s)^T + \sum f_i(X_s) \cdot \nabla^2 f_i(X_s)$$

---

[3]. Ce résultat peut être étendu au modèle de fonction objectif utilisée par la collaboration AERA qui est aggravé par la présence de termes en $\|.\|_1$ ou en $\sqrt{.}$, qui introduisent en supplément des problèmes de discontinuité ou de dérivabilité de la fonction objectif (Jacobienne, et Hessienne).

En utilisant le fait que $\nabla^2 f_i(X_s) = 2M$ et en utilisant la propriété matricielle du transposé d'un produit de deux matrices $(AB)^T = B^T A^T$, la dérivée seconde devient :

$$\begin{aligned}
\nabla^2 f(X_s) &= \sum \nabla f_i(X_s) \cdot \nabla f_i(X_s)^T + \sum f_i(X_s) \cdot \nabla^2 f_i(X_s) \\
&= \sum 2M \cdot (X_s - X_i) \cdot (2M \cdot (X_s - X_i))^T + \sum f_i(X_s) \cdot 2M \\
&= 4M \cdot \left[\sum \left(X_s X_s^T - X_s X_i^T - X_i X_s^T + X_i X_i^T\right)\right] \cdot M + 2\left(\sum f_i(X)\right) \cdot M \\
&= 4M \cdot \left[N X_s X_s^T + \sum X_i X_i^T - X_s \left(\sum X_i\right)^T - \left(\sum X_i\right) X_s^T\right] \cdot M + 2\left(\sum f_i(X_s)\right) \cdot M
\end{aligned}$$

Bibliographie

[1] Physics and astrophysics of ultra high energy cosmic rays / M.Lemoine; G. Sigl (ed.) : Springer, 2001 (Lecture notes in physics ; Vol. 576).
[2] P. K. F. Grieder. Extensive Air Showers - High Energy Phenomena and Astrophysical Aspects, vol. 1. Springer (2010). doi :10.1016/B978-044450710-5/ 50003-8.
[3] V. Hess. "Uber Beobachtungen der durchdringenden Strahlung bei sieben Freiballonfahrten. Z. Phys., 13 : p. 1084 (1912).
[4] R. Ghandi et al. Astropart. Phys. 5, 81 (1996) ; Phys. Rev. D 58, 093009 (1998).
[5] M. Kachelrieb et al. Phys. Rev. D 62, 103006 (2000), L. Anchordoqui et al., e-print hep-ph/0011097.
[6] P. Bhattacharjee et al. , 2000, Phys. Rep. 327, 109.
[7] E. Fermi : Phys. Rev. 75, 1169 (1949).
[8] K. Kotera et al. The Astrophysics of Ultrahigh Energy Cosmic Rays. Annu. Rev. Astron. Astrophys 2010 49.
[9] G. F. Krimsky : Sov. Phys. Dokl. 23, 327 (1977), A. R. Bell : Mon. Not. R. Astron. Soc. 182, 147 (1978), W. I. Axford et al. : Proc. 15th International Cosmic Ray Conference (1977) et R. D. Blandford et al. : Astrophys. J. 221, L29 (1978).
[10] T. Stanev, High Energy Cosmic Rays, Second edition, Springer.
[11] M.S. Longair, High Energy Astrophysics (Cambridge University Press, Cambridge) 1992.
[12] W. R. Webber, The Astrophysical Journal, 506, pp. 329-334, A new estimate of the local interstellar energy density and ionization rate of galactic cosmic rays, 1998.
[13] The Swarthmore/Newark neutron monitor is constructed and operated by the Bartol Research Institute of the University of Delaware.
[14] M. Casolino et al. (PAMELA Collaboration). Launch of the space experiment PAMELA. Advances in Space Research arXiv 0708.1808.
[15] Aguilar, M. and others, „AMS on ISS, Construction of a particle physics detector on the International Space Station" , Nucl. Instrum. Meth. 2005.
[16] E. Parizot. Rayons cosmiques et rayonnement du cosmos. Mémoire d'Habilitation à diriger des recherches, Université de Paris 7.
[17] The KASCADE collaboration. KASCADE measurement of energy spectra for elemental groups of cosmic rays : results and open problems. Astroparticle Physics, 24 :1, 2005.
[18] K. Greisen. End of the cosmic ray spectrum ? Physical Review Letters, 16 :748, 1966.
[19] V.A Kuzmin and G.T Zatsepin. Soviet physics JETP Letters, 10 :146, 1966.
[20] (CREAM experiment) H. Ahn, P. Allison, M. Bagliesi, J. Beatty, G. Bigongiari, P. Boyle, J. Childers, N. Conklin, S. Coutu, M. DuVernois, et al., "The Cosmic Ray Energetics And Mass (CREAM) Instrument", Nuclear Inst. and Methods in Physics Research A 579
(2007) no. 3, 1034–1053.

[21] J. Blumer, R. Engel, and J. R. Horandel. Cosmic rays from the knee to the highest energies. Progress in Particle and Nuclear Physics, 63 :293–338, 2009.
[22] W. Apel et al., Phys.Rev.Lett. 107, 171104 (2011).
[23] A. A. Penzias and R.W.Wilson. A Measurement of Excess Antenna Temperature at 4080 Mc/s. ApJ, 142 :419–421, July 1965. 13.
[24] J. L. Puget et al. Astrophys. J. 205, 638 (1976) ; L. N. Epele et al. , Phys. Rev. Lett. 81, 3295 (1998); J. High Energy Phys. 9810, 009 (1998); F. W. Stecker, Phys. Rev. Lett. 81, 3296 (1998); F. W. Stecker et al., Astrophys; J. 512, 521 (1999).
[25] G. Sigl et al. Astropart. Phys. 2, 401 (1994) ; J. W. Elbert et al. , Astrophys. J. 441, 151 (1995).
[26] Physics Briefing Book, Input for the Strategy Group to draft the update of the European Strategy for Particle Physics, Draft from 8 December 2012.
[27] J. W. Cronin. The highest-energy cosmic rays. Nucl. Phys. Proc. Suppl. 138 (2005), 465–491.
[28] A. Letessier-Selvon et al. , Rev. Mod. Phys. 83, 907-942 (2011). arXiv :1103.0031.
[29] Takeda et al., Physical Review Letters, 81, Extension of the Cosmic Ray Energy Spectrum beyond the Predicted Greise-Zatsepin-Kuzmin Cutoff, 1998.
[30] C. C. H. Jui et al., Journal of Physics : Conf. Series 47, Result from the HIRES Experiment, 2006.
[31] R. Abbasi et al. (HiRes Collaboration), 2008a, Phys. Rev. Lett. 100, 101101, arXiv :astro-ph/0703099.
[32] J. Abraham et al. (Pierre Auger Collaboration), 2008b, Phys. Rev. Lett. 101, 061101, arXiv :0806.4302.
[33] Abramowski et al. 2012, arXiv :1204.1964, Discovery of VHE γ-ray emission and multi-wavelength observations of the BL Lac object.
[34] R. Maze et P. Auger. Comptes Rendus de l'Académie des sciences, 208, 1938.
[35] W. Heitler, "The Quantum theory of radiation", (1954) et J. Matthews, "A Heitler model of extensive air showers", Astroparticle Physics 22 (2005) no. 5-6, 387–397.
[36] O. Catalano et al. "The longitudinal EAS profile at $E > 10^{19}$ eV : A comparison between GIL analytical formula and the predictions of detailed Monte Carlo simulations.", In Proc. of 27th ICRC, Hamburg (Germany), vol. 2001, p. 498. 2001.
[37] P. Abreu et al. (Pierre Auger Collaboration), Astropart. Phys. 34, (2010) 314.
[38] J. Abraham et al (Pierre Auger Collaboration) Science 318 no.5852 (2007) 938. arxiv :0711.2256
[39] K. H. Kampert, Proceedings of the 32nd International Cosmic Ray Conference, Aug. 11-18, 2011, Beijing, arXiv :1207.4873.
[40] T. Abu-Zayyad et al. Astrophys. J. 757, (2012) 26.
[41] K.H. Kampert, State of the Collaboration and Summary of Science, Finance Board Presentation, Nova Gorcia, Septembre 2012.
[42] J. Abraham et al. (Auger collaboration), Phys. Rev. Lett. 104, 091101 (2010).
[43] R. U. Abbasi et al. (HiRes collaboration), Phys. Rev. Lett. (in press), available at

http://arxiv.org/abs/0910.4184.
[44] P. Abreu et al., PRL 109, (2012) 062002.
[45] B. Rossi et K. Greisen, "Cosmic-ray theory", Reviews of Modern Physics 13 (1941) no. 4, 240–309.
[46] The Pierre Auger Collaboration, "Correlation of the Highest-Energy Cosmic Rays with Nearby Extragalactic Objects", Science 318 (2007) no. 5852, 938–943, astro-ph/0711.2256.
[47] R. Ulrich et al. , Phys. Rev., 2011, D83 : 054026.
[48] K., H. Kampert et al. (Pierre Auger Collaboration). Highlights from the Pierre Auger Observatory. 32nd international cosmic ray conference, Beijing 2011.
[49] G. Aad, et al. (ATLAS Collaboration), Nature Comm. 2012, 2 : 463.
[50] http://www.physicstoday.org/1.2833184.
[51] W. Galbraith et J. Jelley. Light pulses from the night sky associated with Cosmic Rays. 1953.
[52] H.R Allan. Progress in elementary particle and cosmic ray physics. ed. by J.G. Wilson and S.A. Wouthuysen, page 169, 1971.
[53] G. Askaryan. Soviet Phys. JETP, 14, (1962) 411.
[54] J. Linsley, "Thickness of the particle swarm in cosmic-ray air showers," Journal of Physics G : Nuclear P hysics, vol. 12, no. 1, p. 51, 1986.
[55] J. Jelley, et al. , "Radio pulses from extensive cosmic-ray air showers", NATURE 205 (1965) 327.
[56] P. R. Barker et al. Physic Review Letter 18, 51, 1967.
[57] S. N. Vernov et al. Soviet Physic JETP Letters 5, 126, 1967.
[58] H. Falcke et al. (Lopes Collaboration) Detection and imaging of atmospheric radio flashes from cosmic ray air showers. Nature, 435 :313, 2005.
[59] A. Haungs et al. (KASCADE-Grande Collaboration) Latest Results and Perspectives of the KASCADE-Grande EAS Facility. Nuclear Instruments and Methods in Physics Research Section A : Accelerators, Spectrometers, Detectors and Associated Equipment, 662 (Supplement 1) 150–156, 2012. ARENA 2010.
[60] H. Rottgering et al. (LOFAR Collaboration) a new radio telescope for low frequency radio observations science and project status. In Texas in Tuscany. XXI Symposium on Relativistic Astrophysics, pages 69–76, 2003.
[61] A. Nelles et al. (LOFAR Collaboration). Detecting Radio Emission from Air Showers with LOFAR. Accepted for AIP Conference Proceedings, ARENA 2012, Erlangen, Germany.
[62] S. Fliescher for the Pierre Auger Observatory. Radio detection of cosmic ray induced air showers at the Pierre Auger Observatory. Nuclear Instruments and Methods in Physics Research Section A : Accelerators, Spectrometers, Detectors and Associated Equipment, 662(Supplement 1) :S124 – S129, 2012. ARENA 2010.
[63] O. Martineau-Huynh et al. (Trend Collaboration) First results of the TIANSHAN radio experiment for neutrino detection. Nuclear Instruments and Methods in Physics Research Section A : Accelerators, Spectrometers, Detectors and Associated Equipment, 662(Supplement 1) :S29 – S31, 2012. ARENA 2010.

[64] K. Werner et O. Scholten, "Macroscopic treatment of radio emission from cosmic ray air showers based on shower simulations", Astroparticle Physics 29 (2008) no. 6, 393–411.
[65] M. Ludwig et T. Huege. REAS3 : A revised implementation of the geosynchrotron model for radio emission from EAS. Nuclear Instruments and Methods in Physics Research, A, Article in Press 2010.
[66] V. Marin. "Radio détection des rayons cosmiques d'ultra haute énergie. Analyse, simulation et interprétation." PhD thesis, Université de Nantes, Ecole Doctorale 3MPL, 2013.
[67] T.Huege. Theory and simulations of air shower radio emission. Proceedings of the ARENA2012 conference (Erlangen, Germany), to be published in AIP Conference Proceedings.
[68] M. G. Aartsen et al. (IceCube Collaboration) First observation of PeV-energy neutrinos with IceCube. (19 avril 2013) arXiv :1304.5356.
[69] T. Saugrin. Radiodétection et caractérisation de l'émission radio des gerbes cosmiques d'énergie supérieure à 10^{16} eV avec l'expérience CODALEMA. PhD thesis, Université de Nantes, Ecole Doctorale STIM, 2008.
[70] T. Garçon. Vers la radiodétection autonome des rayons cosmiques de très haute énergie. PHD thesis, Université de Nantes, Ecole Doctorale 3MPL, 2011.
[71] J. D. Kraus. Antennas. McGraw-Hill Book Company, Inc., 1950.
[72] Didier Charrier, For the CODALEMA Collaboration. Antenna development for astroparticle and radioastronomy experiments. Nucl. Ins. Methods in Physics Research Section A Volume 662, Supplement 1, 11 January 2012, Pages S142–S145.
[73] Site du logiciel EZNEC payant http ://www.eznec.com/ et site du logiciel gratuit 4nec2 http ://home.ict.nl/~arivoors/
[74] D. Charrier. Rapport de Stage de DESS : Conception d'un préamplificateur d'antenne à large bande et bas bruit, 2003.
[75] S. Fliescher. Antenna Devices and Measurement of Radio Emission from Cosmic Ray induced Air Showers at the Pierre Auger Observatory. PhD thesis, Université de Aachen 2011.
[76] J. Lamblin and the CODALEMA collaboration. Radiodetection of astronomical phenomena in the cosmic ray dedicated CODALEMA experiment. In Proceeding of the 30th International Cosmic Ray Conference, 2008.
[77] M. Aglietta, et al., Nuclear Instruments and Methods in Physics Research, Section A (1993) 1, 31-321. G. Agnetta, et al., Nuclear Instruments and Methods In Physics Research Section A 570 (2007) 1, 22-35.
[78] C. Rivière. Des signaux radio aux rayons cosmiques. PhD thesis, Université de Grenoble, Ecole Doctorale de Physique de Grenoble, 2009.
[79] T. K. Gaisser : Cosmic Ray and Particle Physics, Cambridge, 1990.
[80] D. Ardouin et al. (CODALEMA Collaboration). Geomagnetic origin of the radio emission from cosmic ray induced air showers observed by CODALEMA. Astroparticle Physics, 31(3) :192 – 200, 2009.
[81] S. Valcarès. De la mesure des champs électriques par l'expérience CODALEMA aux caractéristiques des rayons cosmiques. PhD thesis, Université de Nantes, Ecole Doctorale STIM, 2008.

[82] D. Ardouin et al. (CODALEMA Collaboration). Radioelectric field features of extensive air showers observed with CODALEMA. Astropart. Phys.26 :341-350, 2006.
[83] A. Rebai for the CODALEMA collaboration, Some recent results of the Codalema Experiment, Proc. of the annual meeting of the French Society of Astronomy & Astrophysics SF2A, Paris, June 2011, G. Alecian, K. Belkacem, R. Samadi and D. Valls-Gabaud (eds).
[84] O. Ravel for the CODALEMA collaboration, NIM A, Proceedings of Arena conference, Nantes, 2010.
[85] P. A. R. Ade et al. (Planck Collaboration) (2013), 1303.5062.
[86] D. Torres (CODALEMA Collaboration), Latest results of the CODALEMA experiment : cosmic rays radio detection in a self trigger mode. 2013 J. Phys. : Conf. Ser. 409 012074.
[87] A. Bellétoile. Développement et analyse des données d'une expérience de radiodétection des Rayons Cosmiques d'Ultra Haute Energie. PhD thesis, Université de Nantes, Ecole doctorale STIM, 2007.
[88] S. R. Vernov et al. Detection of radio emission from extensive air showers with a system of single half-wave dipoles. Can. J. Phys., 46, 1968.
[89] P.R. Barker et al. , Phys. Rev. Lett., 18, 51 (1967).
[90] H. R. Allan et al. Radio Pulses from Extensive Air Showers. Nature, 227 : pp. 1116-1118 (1970). doi :10.1038/2271116a0.
[91] P. Lautridou et al. Some possible interpretations from data of the CODALEMA experiment, Proc. of the 5th international workshop on Acoustic and Radio EeV Neutrino Detection Activities (ARENA 2012), Erlangen 2012.
[92] C. Glaser for the Pierre Auger Collaboration. Energy Estimation for Cosmic Rays Measured with the Auger Engineering Radio Array. 5th ARENA workshop 2012, Erlangen Germany.
[93] A. Horneffer for the LOPES Collaboration. Primary Particle Energy Calibration of the EAS Radio Pulse Height. Proceedings of the 30th International Cosmic Ray Conference ICRC 2007, Mérida México.
[94] S. Knurenko, V. Kozlov. Z, Petrov, M. Pravdin. Experimental results of radio observations at the Yakutsk EAS in 2009 − 2011 (2012). Proceedings of the ECRS, Moskov Russia.
[95] H. Schoorlemmer, PhD thesis, Tuning in on cosmic rays. Polarization of radio signals from air showers as a probe of emission mechanisms
[96] B. G. Kristiansen, et al. Cosmic Rays of Super high Energies. Atomizdat, 1975. (Russia).
[97] K. Kamata J. Nishimura. The Lateral and the Angular Structure Functions of Electron Showers. Prog. Theor. Phys. Supp., 6 : pp. 93 155 (1958). doi : 10.1143/PTPS.6.93.
[98] K. Greisen. Progress in Cosmic Ray Physics. vol III , North-Holland Publishing Company, Amsterdam (1965).
[99] T. K. Gaisser : Cosmic Ray and Particle Physics, Cambridge, 1990.
[100] R. Pesce for the Pierre Auger Collaboration. Energy calibration of data recorded with the surface detectors of the Pierre Auger Observatory : an update. Proceedings of 32nd ICRC 2011, Beijing China. arxiv :1107.4809.
[101] P. K. F. Grieder. Extensive Air Showers - High Energy Phenomena and Astrophysical Aspects, vol. 1. Springer (2010). doi :10.1016/B978-044450710-5/ 50003-8.

[102] M.Risse and D. Heck. Energy Release in Air Showers, Astroparticle Phys. 20 (2004) 661.
[103] T. Shibata for the Telescope Array Collaboration. Absolute energy calibration of the Telescope Array fluorescence detector with an Electron Linear Accelerator. Proceedings of 32nd ICRC 2011, Beijing China.
[104] T. Abu Zayyad et al. Telescope Array Collaboration. TA Energy Scale : Methods and Photometry. Proceedings of 32nd ICRC 2011, Beijing China.
[105] T. Huege. Radio Emission from Cosmic Ray Air Showers. PhD thesis, Universitat Bonn, 2004.
[106] K. Kamata J. Nishimura. The Lateral and the Angular Structure Functions of Electron Showers. Prog. Theor. Phys. Supp., 6 : pp. 93-155 (1958). doi : 10.1143/PTPS.6.93.
[107] K. Greisen. Progress in Cosmic Ray Physics. vol III , North-Holland Publishing Company, Amsterdam (1965).
[108] C. Rivière. Des signaux radio aux rayons cosmiques. PhD thesis, Université de Grenoble, Ecole Doctorale de Physique de Grenoble, 2009.
[109] S. J. Sciutto. AIRES A system for air shower simulations. version 2.6.0
[110] H. Falcke, P. W. Gorham , Astropart. Physics 19 (2003) 477-494.
[111] M. Du Vernois et al. Proc. of the 29th ICRC, Pune (India), vol. 8. 2005.
[112] P. W. Gorham et al., arXiv :0705.2589v1 17 may 2007.
[113] O. Scholten, K. Werner, and F. Rusydi, Astropart. Phys. 29, 94 (2008).
[114] N. Meyer-Vernet et al., Astronomy & Astrophysics, 480,15-25 (2008).
[115] J. Chauvin et al., Astroparticle Physics 33 (2010) 341-350.
[116] V. Marin et al., Asptropart. Phys., ISSN 0927-6505, 10.1016/ j.astropartphys 2012.03.007.
[117] W. D. Apel et al. (Lopes Collaboration) Astroparticle Physics 32 (2010) 294-303.
[118] A. Rebai for the CODALEMA collaboration, Some recent results of the CODALEMA Experiment, Proc. of the annual meeting of the French Society of Astronomy & Astrophysics SF2A, Paris, June 2011, G. Alecian, K. Belkacem, R. Samadi and D. Valls-Gabaud (eds).
[119] D.Ardouin, et al., Astroparticle Physics 31 (2009) 192.
[120] A. Rebai for the CODALEMA collaboration, Radio Detection od Ultra High Energy Cosmic Rays With The CODALEMA Experiment, African School of Physics ASP2010, Stellenbosch Afrique du sud.
[121] J. Abraham et al. (Auger collaboration), Phys. Rev. Lett. 104, 091101 (2010).
[122] R. U. Abbasi et al. (HiRes collaboration), Phys. Rev. Lett. (in press), available at http://arxiv.org/abs/0910.4184.
[123] A. Bellétoile et al. (Codalema collaboration), Evidence for the charge-excess contribution in air shower radio emission observed by the CODALEMA experiment, submitted to the astroparticle physics journal.
[124] A. Rebai et al., arXiv:1210.1739v1 [astro-ph.HE] 5 Oct 2012.
[125] D. Barnhill et al. for the Pierre Auger Collaboration. Measurement of the Lateral Distribution Function of UHECR Air Showers with the Pierre Auger Observatory. In Proceedings of the 29th International Cosmic Ray Conference (2005), 101–106.
[126] V. Marin for the CODALEMA collaboration, Proc. of the 32nd ICRC, Beijing, 2011.

[127] K.D. de Vries et al. Phys. Rev. Lett.107 :061101, 2011.
[128] K. Werner et al. arXiv :1201.4471v1[astro- ph.HE], 21 Jan 2012.
[129] F.G. Schroder for the LOPES Collabotation, Cosmic Ray Measurements with LOPES : Status and Recent Results, arXiv :1301.2557v1 11 Jan 2013.
[130] J. Abraham, et al. The fluorescence detector of the Pierre Auger Observatory. Nucl. Instrum. Methods Phys. Res., Sect. A, 620(2-3) : pp. 227 251 (2010). doi :10.1016/j.nima.2010.04.023.
[131] M. Ludwig, Comparison of LOPES measurements with CoREAS and REAS 3.1 simulations, ARENA conference 2012 – Erlangen.
[132] Uman, M. A. (2001), The Lightning Discharge, Dover Publications, Inc.
[133] D. Torres (for the CODALEMA Collaboration), Latest results of the CODALEMA experiment: cosmic rays radio detection in a self trigger mode. 2013 J. Phys.: Conf. Ser. 409 012074.
[134] L. Mohrmann. Measurement of Radio Emission from Cosmic Ray induced Air Showers at the Pierre Auger Observatory with a Spherical Wave Reconstruction. Master thesis, Aachen university Physikalischen Institut A, septembre 2012.
[135] D. Ardouin et al. (Trend Collaboration): First detection of extensive air showers by the TREND self-triggering radio experiment, Astropart, (34) 2011,p. 717.
[136] A. Rebai et al., arXiv:1208.3539v2 [astro-ph.IM] 18 Sep 2012.
[137] P. Lautridou (for the CODALEMA Collaboration), Nuclear Instruments and Methods in Physics Research A, Volume 692, p. 65-71.
[138] S. Fliescher. Antenna Devices and Measurement of Radio Emission from Cosmic Ray induced Air Showers at the Pierre Auger Observatory. PhD thesis, Aachen university Physikalischen Institut A, decembre 2012.
[139] F.G. Schroder et al. (Lopes Collaboration) PhD thesis (2011).
[140] F. Jedrzejewski Introduction aux méthodes numériques Deuxième édition.
[141] J. P. Demailly Analyse numérique et équations différentielles.
[142] J. Vallverdú. The False Dilemma: Bayesian vs. Frequentist arXiv:0804.0486.
[143] D. T. Vu. Outils statistiques pour le positionnement optimal de capteurs dans le contexte de la localisation de sources. PhD thesis, Université de Paris Sud - Paris XI 10/2011.
[144] Peter Kall and Stein W. Wallace, stochastic programming, John Wiley & Sons, Chichester, 1994.
[145] Convex Optimization, Stephen Boyd, Lieven Vandenberghe, Cambridge university press.
[146] J. F. Bonnans et al. , Numerical Optimization: Theoretical and Practical Aspects, Springer-Verlag, Universitext, (second ed.) 2003.
[147] J. Nocedal et S. Wright Numerical optimization springer series.
[148] F. James, M. Roos, Comput. Phys. Commun. 10 (1975) 343. F. James, The Interpretation of Errors in Minuit, Cern Geneva, June 16, 2004. F. James, MINUIT Function Minimization and Error Analysis, CERN Program Library D506, Geneva, 1998.
[149] J. Hadamard, Sur les équations aux dérivées partielles et leur signification physique. Bull. Univ. Princeton, 13 (1902) 49-52. (OEuvres 3, 1099-1105).

[150] F. Delprat-Jannaud and P. Lailly, Ill-Posed and Well-Posed Formulation of the Reflection Travel Time Tomography Problem, J. of Geophysical Research, vol. 98, No. B4, p. 6589, April 10, 1993. (page 15).

[151] R. A. Horn et C. R. Johnson, Matrix Analysis, Cambridge University Press, (first ed. 1985) 1999.

[152] Lagarias, J.C., J. A. Reeds, M. H. Wright, and P. E. Wright, "Convergence Properties of the Nelder-Mead Simplex Method in Low Dimensions," SIAM Journal of Optimization, Vol. 9 Number 1, pp. 112-147, 1998.

[153] Levenberg, K., "A Method for the Solution of Certain Problems in Least-Squares," Quarterly Applied Math. 2, pp. 164–168, 1944 et Marquardt, D., "An Algorithm for Least-Squares Estimation of Nonlinear Parameters," SIAM Journal Applied Math., Vol. 11, pp. 431–441, 1963.

[154] Donald, K., The Art of Computer Programming. 3: Sorting and Searching (3rd ed.). Addison-Wesley. pp. 396–408. (1997) ISBN 0-201-89685-0.

[155] A. Björck Numerical methods for least squares problems. SIAM, Philadelphia. (1996) ISBN 0-89871-360-9.

[156] S. K. Godunov équations de la physique mathématique. Moscou : Éditions Mir.

[157] T. Appelquist et al. (1987). Modern Kaluza–Klein Theories. Menlo Park, Cal.: Addison–Wesley. ISBN 0-201-09829-6.

[158] Eugene, D. Is this least squares estimates?, Biometrika (2000), 87, 2, pp. 437-452.

[159] R. Abbasi et al. (IceCube Collaboration). The Design and Performance of IceCube DeepCore. Astroparticle Physics 35 (2012) 615-624, May 2012.

[160] P. Amram et al. (Antares Collaboration) Background light in potential sites for the ANTARES undersea neutrino telescope Astroparticle Physics 13 (2000) 127-136 [astro-ph/9910170].

[161] Tim Huege Theory and simulations of air shower radio emission AIP Conf. Proc. 1535, pp. 121-127.

[162] T. Huege et C. W. James, Full Monte Carlo simulations of radio emission from extensive air showers with CoREAS. 33rd International Cosmic Ray Conference, Rio De Janeiro 2013.

[163] J.A. Muniz, et al., Monte Carlo simulations of radio pulses in atmospheric showers using ZHAireS. Astroparticle Physics, 2011.

[164] N. Meyer-Vernet, A. Lecacheux et al. Radio pulses from cosmic ray air shower Boosted Coulomb and Cerenkov fields. Astronomy and Astrophysics.

[165] J. Lamblin for the Codalema Collaboration, Radiodetection of astronomical phenomena in the cosmic ray dedicated CODALEMA experiment, 30th International Cosmic Ray Conference, Merida 2007.

[166] Alain lecacheux et al., (for the CODALEMA Collaboration) Radio signature of extensive air showers observed with the Nançay Decameter Array. Proceeding of the 31st ICRC, LODZ 2009.

[167] V. Marin for the CODALEMA collaboration. Charge excess signature in the CODALEMA data. Interpretation with SELFAS2. International Cosmic Ray Conference, Beijing 2011.

[168] T. Huege for the Auger Collaboration, Probing the radio emission for cosmic ray induced

air showers by polarization measurements. 33rd International Cosmic Ray Conference, Rio De Janeiro 2013.

[169] G. steve, Finger on the pulse of cosmic rays. Dependence of the radio pulse shape on the air shower geometry. PhD thesis (2013).

[170] W. D. Apel et al. (KASCADE-Grande Collaboration) Nuclear Instruments and Methods in Physics Research A 620, 202 (2010).

[171] P. Doll et al. Nuclear Instruments and Methods in Physics Research A 488, 517 (2002).

[172] W. D. Apel et al. (LOPES Collaboration) Experimental evidence for the sensitivity of the air-shower radio signal to the longitudinal shower development, Phys. Rev. D, 85.071101, 2012.

i want morebooks!

Buy your books fast and straightforward online - at one of world's fastest growing online book stores! Environmentally sound due to Print-on-Demand technologies.

Buy your books online at
www.get-morebooks.com

Achetez vos livres en ligne, vite et bien, sur l'une des librairies en ligne les plus performantes au monde!
En protégeant nos ressources et notre environnement grâce à l'impression à la demande.

La librairie en ligne pour acheter plus vite
www.morebooks.fr

VDM Verlagsservicegesellschaft mbH
Heinrich-Böcking-Str. 6-8   Telefon: +49 681 3720 174   info@vdm-vsg.de
D - 66121 Saarbrücken   Telefax: +49 681 3720 1749   www.vdm-vsg.de

Printed by Books on Demand GmbH, Norderstedt / Germany